互联网战略转型与创新发展

刘千桂　于小侠　著

图书在版编目（CIP）数据

互联网战略转型与创新发展／刘千桂，于小侠著．—北京：企业管理出版社，2021.2
ISBN 978－7－5164－2322－6

Ⅰ．①互… Ⅱ．①刘… ②于… Ⅲ．①互联网络－战略 Ⅳ．①TP393.4

中国版本图书馆CIP数据核字（2020）第261478号

书　　名：互联网战略转型与创新发展
作　　者：刘千桂　于小侠
责任编辑：尤　颖　田　天
书　　号：ISBN 978－7－5164－2322－6
出版发行：企业管理出版社
地　　址：北京市海淀区紫竹院南路17号　　邮编：100048
网　　址：http：//www.emph.cn
电　　话：编辑部（010）68701638　发行部（010）68701816
电子信箱：qyglcbs@emph.cn
印　　刷：河北宝昌佳彩印刷有限公司
经　　销：新华书店
规　　格：170毫米×240毫米　16开本　14.25印张　212千字
版　　次：2021年2月第1版　2021年2月第1次印刷
定　　价：58.00元

序

互联网不仅事关媒体格局和舆论生态，还事关新经济的发展和新秩序的建立。当前，数字技术正在改变全球商务，为此必须着眼于互联网新的发展，抢占产业互联网发展的战略高地，抓住产业互联网的商业基础设施建设这个新赛场，从根本上保障国家经济安全和其他安全，为国家长治久安提供坚实保障。

2018 年 9 月 30 日，腾讯公司宣布调整组织架构，全力扎根消费互联、拥抱产业互联网；同年 11 月 26 日，阿里巴巴也宣布新一轮组织架构调整，以打造一个商业操作系统，既触达消费者又服务企业。此后，2019 年，此类互联网公司以更快的速度迅猛发展。互联网企业正在推出商业基础设施升级计划，构建全新传播生态、商业生态和产业生态。互联网的新商业基础设施未来将直接关联生产和消费，创新发展经济新秩序。

为了抢占科技革命和产业革命的制高点，美国大力推动工业互联网的建设；德国举全国之力发展工业 4.0，瞄准物联网的新高地；我国提出了信息化和工业化深度融合专项行动计划。规划上，我们与国际同步，但是面临的问题不可同日而语。

在新赛场，我们想弯道超车，必须建立自主控制的商业新秩序。随着人工智能、大数据、物联网、5G、区块链等技术的高速发展，我们正在迎来这样的商业新秩序。

一是砍掉生产和消费的一切中间环节，让生产和消费无缝衔接。

二是一站式解决企业的市场、资金、渠道等难题，企业只需做好产品或服务。甚至，企业无须做广告，无须再有市场部、销售部等，让企业一门心思做好产品、做好研发。

三是各行各业按照行业的技术标准、服务标准、管理标准，集群、集聚发展，逐步对接科技革命和产业革命。

四是发展类似于云计划经济的发展模式。传统的计划经济，计划的是物质，而云计划，计划的是需求。

五是逐步建立互联互通的产业数据和消费数据，并以此为基础，调控经济运行。

面对未来，一面得借鉴历史、一面得思考未来、一面得付诸实践，互联网一直在创新中发展，在这个过程中，我们深度参与了相关的理论研究和实践探讨，积累了大量资料。本书将互联网战略转型和创新发展的有关文章、思考或方案，梳理出版，其中小部分见于相关论文、刊物或著作，大部分属于首次出版，供读者参考、借鉴，不妥之处，请读者批评、指正。

随着互联网的纵深发展，舆论生态、媒体格局和传播方式发生着深刻变革，这对人才培养也提出了新要求。尤其是年轻人几乎“无人不网、无日不网、无处不网”，互联网也是将社会主义核心价值观贯穿人才培养教育教学全过程的主渠道。本书也为我们研究北京高等教育“本科教学改革创新项目”“社会主义核心价值观贯穿新闻传播学类专业教育教学全过程研究”（项目编号：202010015003）奠定了基础，是该项目的前期成果。

刘千桂

2021 年 1 月

目　录

专题一　网络媒体的发展及经营创新 ………………………………… 1

案例1　新浪的网络广告和电子商务 ………………………… 11

案例2　搜狐的门户矩阵和多元化经营 ……………………… 28

案例3　网易以短信和网络游戏为主的经营创新 ………… 40

案例4　新华网的内容、信息平台及搜索服务 …………… 48

案例5　中国经济网的市场定位和运营模式 ……………… 52

案例6　千龙网的特色经营和可持续发展思路 …………… 56

案例7　央视国际发展的战略与策略思考 ………………… 63

案例8　央视国际网络覆盖分析 …………………………… 84

专题二　互联网＋传统媒体：推动媒体融合发展 ………………… 103

案例1　互联网＋县级媒体：智慧县域融媒体平台 ……… 110

案例2　以“中央厨房”为龙头构建县域现代传播体系 ……………………………………………… 131

专题三　互联网＋新闻出版业：重塑全球经济结构的核心力量 …… 140

案例　数字出版的商业生态与盈利模式 ………………… 156

专题四　“互联网＋”智慧社区创新性管理 ………………………… 165

案例　“互联网＋”商业基础设施：国际商都新发展动力 ……………………………………………… 189

专题五“互联网＋”现代农业云服务平台 ………………………… 204

参考文献 …………………………………………………………………… 217

专题一
网络媒体的发展及经营创新[①]

网络媒体如何开拓市场资源？如何将访问量和网民的偏好转化为网站的收入，获取经济效益？如何以消费者为中心，有针对性地为他们提供便利服务，培养客户忠诚？如何为企业和消费者搭建一个商务平台？概括起来，其盈利模式及其运作方式主要有以下七种。

一、网络广告

网络是一种很有潜力的广告载体。在门户时代，网络广告是国内外商业网站重要的创收点，也是新浪、网易、搜狐等商业网站走出网络“寒冬”的第一个盈利支撑点。

网络广告的经营方式主要有以下三点。

（一）网站自行开发

1. 网络广告呈现形式

商业网站在其发展过程中，对网络广告的形式进行了大量的探索，除了常规的网络广告形式外，新的广告形式不断涌现，并且创意新颖，如对联广告、“霸王”邮件广告等。在网络广告的传播层面，注重与其他营销方式的整合，备显网络广告和整合营销传播的价值。

① 1994年4月20日，中国全功能接入互联网，成为国际互联网大家庭中的一员。互联网经过短短几年的发展，就改变了人们的学习、工作和生活，进入了门户时代。网络寒冬后，2003年、2004年，门户类网站的发展迎来了春天，本专题选择典型的网站，结合2004年前后的环境和数据进行了分析。在今天看来，彼时的模式很简单，但互联网的战略转型和创新发展是主基调，对社会的各个领域都产生了重大而深远的影响。本专题用难得的历史数据和资料，在一定程度上还原了门户时代的发展和探索。

2. 网络广告的运作方式

网络广告的运作方式主要有：以新浪为代表的网络“广告代理制度”、以搜狐为代表的“竞价广告运作模式”和以中国搜索联盟为代表的“搜索联盟广告形式”。

（二）跨媒体合作

跨媒体的广告运作方式受到门户类网站的重视和青睐，主要有以下两种方式。

1. 与传统广告实现互动和互补，提升传统媒体和网络媒体的广告价值

2003 年，新浪、搜狐等商业网站加强了与传统媒体的合作，如新浪网与中央人民广播电台新闻评论部联合打造“评论旗舰”。内容平台的合作是广告媒体组合策略和媒体间互动的先导，商业网站积极探索跨媒体的广告运作方式。与此同时，传统媒体网站具有不可比拟的优势，凤凰网将部分网络广告作为一种附加广告服务赠送给广告主，新华网、千龙网也尝试着类似的广告服务。

2. 实行网络广告和传统广告的捆绑销售

网络广告和传统广告的捆绑销售广泛存在于各大新闻媒体网站，包括报纸媒体、电视媒体及其网站。

（三）广告信息栏目

常见于各网站的广告信息栏目主要有以下两种。

1. 分类广告

分类广告为企事业单位和个人提供了一个广告信息发布的场所，可以满足包括物品买卖、服务供需、商业机会、声明启事等多方面不同层次的需求。新浪、搜狐和网易等网站均开设此栏目，其主要通过广告代理商代理广告的招商和发布。

2. 广告精品栏目

一些专业网站通过设立广告精品栏目，以此来扩大商业广告的影响，同时增强广告与受众间的互动和交流，提升广告的传播效果。该形式充

分利用了舆论领袖和口头传播的力量，辅助以事件营销，将广告的信息传达给目标受众。

二、电子商务

在门户时代，电子商务被看成前景巨大的项目。电子商务模式五花八门，但最具有代表性的是 Amazon、Ebay 和 8848 的经营模式。Amazon 做的是全套的购物体系，从仓储、物流到支付体系；而 Ebay 则不同，它不参与交易，只是搭建一个 24 小时的交易平台，然后每个交易收取一定的费用；中国电子商务行业的先行者 8848 则锁定了“电子商务引擎”这一经营方式。无论采取哪种方式，以下两点是共同的。

（一）强强联合

电子商务涉及的面相当广泛，非一个网站的力量所能及，为此各大网站加强了战略合作。例如，2003 年年初，雅虎与新浪签署协议合资进军网上拍卖业务，为中国的中小型企业、买家和卖家提供全新的基于网上拍卖的电子商务服务。这项服务把新浪在中国市场的领先品牌和极富价值的用户群，与雅虎的全球品牌优势及其在日本和中国台湾、中国香港等地已取得的网上拍卖业务的成功经验相结合。通过合资公司，雅虎和新浪合力打造着一个功能全面的网上拍卖电子商务平台，这一平台不仅为消费品的销售提供定价销售和竞价销售等不同方式，并且还提供更广泛的服务以促进交易。

（二）渠道为王

渠道为王主要体现在以下两个方面。

1. 网络渠道的建设

很多网站开辟了地方板块，如搜狐网先后开通了广州、上海、成都、杭州、西安、南京、济南、武汉、长沙、大连等地方版，并把市场扩展的触角伸向了韩国，推出了韩国版，以吸引和扩展韩国市场。新华网由北京总网和分布在全国各地的 30 多个地方频道及新华社的十多家子网站联合组成。网络渠道是电子商务经营的良好平台。

2. 网下实体渠道的介入

搜狐在同行业中最早构建了企业网络服务的全国性代理体系。2003年12月29日搜狐召开渠道代理商会议，该会议总结了2003年与渠道合作创造的不俗业绩和积累的成功经验，确定了2004年搜狐将进一步加强提高渠道整体素质，加大对地方渠道市场的支持力度，与渠道并肩作战开拓市场的发展大计。这次会议强调了搜狐的渠道建设宗旨：在走进代理、走进业务员、走进客户的新形势下进行市场体系建设。这种网下实体渠道的建设提升了搜狐商城的竞争力，同时为其他经营方式，如网络广告的市场开拓带来了便利。

三、跨媒体经营

世纪之初，互联网人设想的跨媒体经营模式为：网络媒体利用自己的品牌形象和网络平台与相应的网络运营商合作，在网络中建立一个“数字多媒体（宽带）网络传输平台”，也可以说是“宽带网络流媒体电视频道”，简称“网络电视”。网络媒体利用自己的平台与相关运营商参股合作，进行平台推广、品牌运作、资费分成，这样不需要太多的投入，就能有很大的发展。跨媒体经营可以充分挖掘电视媒体、网络媒体和手机之间的互动与协作，为受众提供娱乐、信息等服务。

当时，互联网实验室对宽带互联网的应用进行了归纳，主要内容如图1-1所示。

宽带市场广阔，随着互联网图文时代向音视频时代转变，跨媒体经营成为市场运作的焦点，而音频、视频点播更成为争夺的焦点。网络媒体后起之秀21CN一直在花大力气进行宽带内容服务建设，尤其是它的宽带音频、视频点播等服务，经过两年多的积累，2003年拥有国内大型的内容储备。同时，21CN与电信宽带运营商的渊源关系，也构成了它另一层面的竞争优势。同期，千龙互通网馆则筹备着利用网吧开展多种的增值服务，如视频点播、视频会议系统、IP电话、IT新产品的展示和销售及各种网络游戏的发布和比赛活动。

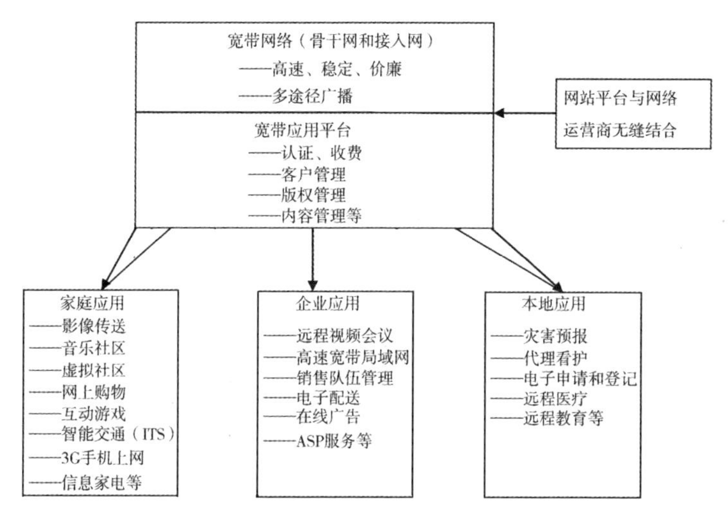

图1－1　宽带互联网的应用

资料来源：互联网实验室。

四、短信创收

短信是全球电信业在20世纪90年代后期推出的一项通信业务。21世纪初，中国成为全球短信业务发展最快、最成功的国家，短信业务获得市场成功的速度是极为罕见的。

短信服务不只用于人们日常相互之间的沟通、交流，还可广泛运用于会议、交通、企业经营等领域，如查看新闻、天气预报、体彩查询、股票证券查询、交互游戏等多项服务。短信的经营主要体现在以下六点。

（一）经营种类多样化

短信的经营种类繁多。在众多媒体网站中，网易以短信为主的非广告业务收入所占的比例最高。除了短语、铃声、图片的竞争以外，网易还推出了彩信订阅栏目，开辟了韩国专区，成立了短信交友俱乐部，显示了自己的特色。网易可以订阅的短信有：超级音乐、生活多彩、头条新闻、动感体坛、感情画廊、都市丽人、娱乐八卦等，包括新闻类、娱乐类、体育类、情感情趣类、生活类、图书订阅类共计32种。

（二）短信的细分和深度开发

新华网、千龙新闻网等媒体网站进行了网上短信的细分和深度开发，推出了幽默短信、语音短信、商务短信等新品种。人民网对北京地区全球通手机用户的短信息服务也于2003年1月27日正式开通。“一五一十”是该网发送新闻的口号。只要发送“100”到“1510”，订阅“人民网头条播报”，就可以轻松搭乘短信点播直通车，了解当天的重大新闻和突发性事件。

短信的内容更加注重创新应用，在新浪、搜狐、网易等门户网站的短信频道上，短信类目虽然繁多，却一目了然且颇有创意。例如，搜狐的脑筋急转弯、焦点新闻、新股信息等短信订阅栏目小而全；新浪的下载俱乐部、鸟啼铃语则引领都市年轻人另类时尚；网易的非常男女、暗恋表白也颇有人气。这些网站的短信业务范围涵盖了网上购物、天气预报、邮件收发、网上聊天、歌曲点播、短信游戏等。

需要强调的是，由于短信技术理念的开放性，在短信技术实现与业务理念之下，逐渐衍生出了许多增值业务，如企业信息服务，进而牵动和形成了一个大的产业链。

（三）互动模式进一步加强

2002年上半年，新浪推出的“新闻冲浪”，改变了新闻单向提供给用户的模式，用户可以发短信点播自己需要的新闻，从而使网站由单向服务转为互动式服务。网易也推出了网易短信王，为短信提供了技术支撑。网易短信王最大的特点就是实现了双向的交流，除了提供免费短信发送的服务之外，对方手机还可以直接回复短信到网易短信王上，进行交流、回复，还能定时通过短信王收取电子邮件。它还支持群发并具有短信到来提醒和同步服务器等功能。

（四）组建短信同盟

短信同盟是依托和整合社会资源而组成的一个群体性短信发行和运作组织。同盟采取利润分成的办法共同开辟短信市场。该种运作模式被广泛采用，如网易的短信同盟自2002年3月推出，到2003年12月就有

10 万个网站加盟。

（五）即时通信服务模式

随着网络的普及，越来越多的网民选择了即时通信服务。即时通信服务给人们的工作、学习和生活带来了便利，如文件的传输、信息的传递、亲情的问候、友情的发展等都可以通过该方式实现。即时通信软件与手机的绑定是短信收入的新渠道，其主要方式为：通过两者的绑定，将传统的通过手机按钮发短信的形式转为电脑键盘的输入而传递信息。此种形式受到了网民的青睐，如截至 2003 年 12 月，腾讯 QQ 拥有 1000 万移动 QQ 用户。网易看到了即时通信的巨大商机，开发和推出了网易泡泡。由于彼时聊天工具相差不多，可替代性强，网易泡泡推出的前两个月，只有 500 万用户，第三个月已跃升至 800 万，并以每天数十万的人数在增长，显示了巨大的发展潜力。腾讯 QQ 是以广告为主要收入，而网易泡泡的特色则是通过与手机绑定的方式收取服务费。

（六）资源优化配置

以短信为主的无线业务是新浪的主要收入来源之一。早先新浪在新闻内容上领先，但在判断和切入新业务领域时一度非常迟钝，在门户网站中，新浪是进入短信业务最晚的一个。2003 年年初，新浪收购广州讯龙之后，其短信等无线业务局面发生扭转，从 2003 年第 2 季度开始，新浪在中国移动无线增值服务行业占据优势地位，特别是在铃声、图片等下载业务方面，新浪囊括了 60% 左右的市场份额。

五、搜索服务创收

搜索是继网络广告和短信之后，网络企业再次加速跑的创收引擎，是通过卖关键字、出售搜索页面上的位置资源形成的盈利模式。在 2003 年，其就已经被公认为是网络企业未来 3 ~4 年主要的收入来源之一。

中外实践表明，互联网上的搜索业务已成为网站新的竞争焦点。2003 年 4 月中旬，中国搜索联盟网罗近 200 家中国网站推出搜索引擎服务平台，新华网等一批媒体网站也纷纷加入。2003 年 7 月 15 日，雅虎以现金加股票的形式收购了著名付费搜索服务商 Overture，涉及金额 16. 3

亿美元；2003 年 11 月，雅虎又出资 1 亿美元并购和重组 3721，后者拥有搜索和网络实名两大资源，背后是数万忠实的企业用户。同期，微软投入巨资开发能分类搜索数字图片，以及搜索散落在电脑不同目录中文件的相关技术。

2003 年时，搜索排名收费主要有两种模式，一种是像 Google、搜狐和新浪的固定排名收费模式；另一种则如百度的竞价排名收费模式，排名先后一般由网站所交费用的高低决定。雅虎则向用户收取 1 ~ 4 美元，以方便他们在 Northern Light 的专业数据库中查找文件，该数据库将从 7100 种出版物（包括学术期刊）中精选出大约 2500 万份研究文档供顾客搜索使用。此外，雅虎还提供每月付费 4. 95 美元获取 50 份文档的“费用打折搜索”服务。

六、网络游戏

中国网络游戏的发展速度令人侧目。著名的上海盛大网络引进韩国的《传奇》游戏，一年收入就达两亿元。随后其斥资 4000 万元打造另一款游戏，投入商业使用后，第一天的销售额即相当于投资金额。

2001 年，中国网络游戏用户还不足 400 万，但到 2002 年就超过了 800 万。2001 年网络游戏用户的平均花费每月为 15. 6 元，到 2002 年增加至 18. 8 元，2006 年网络游戏用户的月花费平均为 31. 2 元，中国网络游戏市场规模达到了 83. 4 亿元。2003 年，新浪在线游戏副总裁杨震认为，中国网络游戏将呈现爆炸式增长，而金山公司总经理雷军则认为，未来 3 ~ 5年内，将会出现 10 倍于 2003 年的市场空间。

2002 年上半年，网络游戏首次被产业政策列为新的消费增长点。文化部首次向 12 家网络游戏公司颁发了《网络文化经营许可证》，游戏《剑缘奇侠》被列入国家级科技攻关项目“八六三”计划，得到了国家拨款。

2003 年时，行业对网络游戏市场未来发展的判断有三个依据：一是中国宽带用户 2003 年猛增几百万，具备了发展的市场基础；二是中国网络游戏业已经形成了产业价值链（开发商—运营商—渠道商/网吧—用户），收费方式得到认可；三是网络游戏受到政府重视，政策上将出台利好措施。

除此之外，中国的网络游戏产品也开始崛起。在2003年的140多款游戏中，韩国游戏软件占据网络游戏市场近半壁江山的局面已经开始转变，搜狐引进了美国的网络游戏。

但网络游戏也有其负面影响，尤其是青少年沉迷于网络游戏，荒废学业越来越受到社会的重视，将网络游戏与学习软件、电视节目和电教影片相结合，也是一个潜力巨大的市场。

七、其他盈利模式

除了以上六大盈利模式外，网络媒体的盈利模式还有：电子邮箱服务、网上路演、信息服务（如旅游、商务信息）、网络教学、企业电子解决方案、虚拟ISP、个人理财服务、电子杂志、专业化服务（如金融服务）、企业网站链接服务等。以下详细介绍电子邮箱服务和网上路演。

（一）电子邮箱服务

电子邮箱服务分为免费和收费两种，收费邮箱又包括个人收费邮箱和企业收费邮箱。在电子邮箱的经营中，诸多网站都采用的是双轨制，既有收费邮箱也有免费邮箱。

来自艾瑞市场咨询的数字表明，2003年我国使用收费电子邮箱的用户达到了500万。根据统计，2～10元/月的收费电子邮箱最受欢迎。2003年全国收费邮箱的市场份额达到了5.6亿元，到2004年则达到了10.4亿元。收费邮箱的收费方式主要有：手机支付、网上银行、传统的邮政汇款。

当时，尽管收费邮箱潜力巨大，但是很多网站将主要力量转向了免费邮箱的开发，有的网站甚至放弃了收费邮箱市场。例如，新浪对免费邮箱资源进行着深度开发，其电子邮件广告备受关注，以“霸王邮件”广告为例，新浪“霸王邮件”广告将企业推广信息置于收件夹邮件标题的最顶端，邮件使用者收取邮件时即会浏览到这种以邮件标题出现的推广形式，视觉效果显著，推广效果极佳；同时，用户不能删除此邮件标题。网易为了用电子邮箱的免费资源扩大在短信上的收入，于2002年9月全面退出了邮箱收费市场，并开通了中国知名免费邮箱——126邮箱，原收费邮箱服务则转给了广州尚易计算机邮箱公司，这种战略的转变表明网站的经营模式屈从于网站的整体经营战略。

（二）网上路演

2001年1月，中国证监会发布了《关于新股发行公司通过互联网进行公司推介的通知》。网上路演由自发的市场行为变成一种政策要求。全景网络极富创意地将现代的互联网技术运用到传统的宣传推介活动中，策划推出一种崭新的网上互动交流、新闻发布和介绍推广的新模式，冠名为“网上路演”。

早在1999年8月24日，中国网上路演就翻开了第一页。这一天，《证券时报》网络版策划推出为时两小时的“清华紫光新股发行网上路演”。这种全新模式一经推出，立即引起广大投资者、上市公司、券商机构等各方关注。自此，网上路演成为上市公司十分乐意选择的宣传推介方式。自“清华紫光”网上路演以来，包括中国石化、宝钢股份、招商银行、华能国际、中国联通等在内的200多家上市公司、基金公司纷纷在全景网络举行网上路演，平均市场占有率已达71%。

我国每年约有400家公司上市，每家上市公司进行一次网上路演的花费约为30万~100万元，每年提供路演服务的网站所获得的经济收益是十分可观的。搜狐、新浪等商业媒体采纳了这种模式创收。

案例1　新浪的网络广告和电子商务

一、概要

新浪是一家服务于中国大陆及全球华人社群的领先在线媒体及增值资讯娱乐服务提供商。新浪以服务中国用户与海外华人为己任，旗下三大业务主线，即提供网络媒体及娱乐服务的新浪网、提供用户付费在线及无线增值服务的新浪无线，以及向中小型企业提供增值服务的新浪企业服务，提供包括门户网站、收费邮箱、无线短信、虚拟ISP、搜索引擎、分类信息、在线游戏、电子商务、网络教学、企业电子解决方案在内的一系列服务。2003年，新浪在全球范围内拥有超过8328万的注册用户，各种付费服务的常用用户超过1000万，是中国大陆及全球华人社群中最受欢迎的互联网品牌之一。新浪将业务重点放在中国大陆，其营业收入的96%即来自这一区域。

2003年，新浪捷报频传，其财务报表显示新浪2003年度净营收较2002年增长194%，达1.143亿美元，其中广告营收较2002年增长67%，占营收总额的36%；非广告营收较2002年增长415%，占营收总额的64%。新浪网络股在纳斯达克更是如火如荼，这其中既得益于中国经济前景乐观、投资者看好网络股等外部因素，更得益于新浪自身调整了经营战略并初步找到了更多切实可行的商业盈利模式等内部因素。除了网络广告外，新浪还推出了电子邮件、互联网接入、网络游戏、短信定制和网上商城等收费服务，其中短信、搜索服务和网络游戏的比重逐步攀升。下面以网络广告和电子商务为主分析新浪的经营方式。

二、网络广告独树一帜

据iResearch统计，2003年中国网络广告市场达到了10.8亿元，比2002年的4.9亿元翻了一番还要多。其中，新浪的网络广告收入超过了3

亿元，搜狐也有2亿元左右，网易也有接近1亿元的收入。传统三大门户再加上TOM、Yahoo中国、21CN、QQ等门户，所有门户的网络广告收入已经超过7亿元，占整个中国网络广告市场的七成左右。2003年10月15日上午9时整，新浪2004年1～6月的黄金版位竞购活动开始，一个小时过后，新浪此番合同销售额共计1亿多元。来自CNNIC的统计数据表明，截至2003年12月31日，我国的上网用户总人数为7950万人，同上一次调查相比，我国上网用户总人数半年增加了1150万人，增长率为16.9%，随着中国经济的迅猛发展，作为当时中国最大的网络媒体公司，新浪直接受惠于这一巨大的成长空间。

（一）新浪网络广告的主要方式

作为互联网最直接的推广方式，网络广告以丰富的表现形式和互动性成为成长最快的媒体广告形式。21世纪之初，新浪网络广告从形式创新、创意表现到技术开发，一直站在行业发展的最前沿，引领网络广告的发展方向。

1. 常规广告形式多种多样

新浪网络广告的形式多种多样，其中常规网络广告形式有：弹出广告、声音广告、定向广告、全流量广告、横幅广告、按钮广告、文字链接、电子邮件广告、网上直播、互动广告、视频广告、通栏广告、擎天柱广告、流媒体按钮、流媒体移动图标、鼠标响应按钮、鼠标响应移动图标、全屏广告、画中画广告。

2. 新广告形式创意新颖

除了常规广告形式外，新浪还不断推出别具一格的新广告形式，主要有以下四种。

撕页广告，即打开浏览页面的同时，广告自动伸展成加大尺寸，于2～3秒表现后自动还原至80×80尺寸小图标缩至页面左上角，鼠标经过广告版面点击可重复观看并了解详细内容。这种广告形式视觉冲击强烈，形式新颖，内容多样，配合声音效果，观赏度极佳。

超级流媒体，即悬浮于浏览页面。广告小人在页面打开之际自动播放，沿屏幕边缘开始走动，鼠标经过广告版面无须点选小人即停止且广告表现自动伸展成加大尺寸的广告主题，鼠标离开小人继续沿屏幕四周走动，设关闭按钮，用户可自行关闭。这种广告形式的显著特点是多样化的版位规划及创意表现，运用空间、动态及悬疑表现，方式灵活新颖，趣味性及互动性增强。

对联广告，即于浏览页面中特别设置广告版位，以夹带方式呈现广告，于浏览页面完整呈现的同时，在页面两侧空白位置呈现对联形式广告。此种形式广告因版面所限，仅表现于1024×768及以上分辨率的屏幕上，800×600分辨率下无法观看。特色：区隔广告版位，广告页面得以充分伸展，同时不干扰使用者浏览，注目焦点集中。

新浪“霸王邮件”广告，将企业推广信息置于收件夹邮件标题的最顶端，邮件使用者收取邮件时即会浏览到这种以邮件标题出现的推广形式，视觉效果显著，推广效果极佳。同时，用户不能删除此邮件标题，所以称为“霸王邮件”。

3. 分类广告详细、便捷

新浪分类广告主要满足企事业单位和个人在互联网上发布信息的需求，可以满足包含物品买卖、服务供需、商业机会、声明启事等多方面的不同层次的需求，为广大网友提供丰富、实用、广泛、真实的信息资源。

新浪分类广告是有偿信息服务，要通过广告代理商的招商甄别再发布。由于广告代理商全部具备专业资格认证，所以从源头就保证了信息的真实性和实用性，从而向网上垃圾广告正式告别。新浪网陆续在全国主要省市开放了当地信息服务站点。

4. 与其他方式相得益彰，备显整合营销传播价值

主要体现在以下三点。

（1）频道合作。

新浪整合了新浪网强大的内容资源，为客户提供与市场相符的网络品牌宣传平台和产品行销渠道，新浪网提出了与新浪内容资源联系更积极、更加紧密的网络行销手段——频道合作，以满足全球著名品牌对网络推广更深入的需求。频道合作方式由以下几部分组成。

①频道冠名及 VI 融合。

一是以客户品牌对合作频道进行整体冠名。

二是将频道整体风格进行调整，力求融合客户品牌相符的 VI 风格。

三是在内容方面保留频道原有精彩内容的基础上，结合品牌内容进一步增减、优化。

②互动资源整合。

一是邀请品牌负责人定期与网友在线交流。

二是提供与频道相关的论坛赞助权利。

三是建立客户品牌俱乐部，积累品牌客户数据。

四是不定期发送客户品牌资讯 E-mail（或电子报），告知市场信息、开辟品牌在线展示中心及销售（拍卖）平台。

③跨网际的互动行销。

新浪积极配合合作品牌的线下市场活动，包括参与合作品牌的各项市场活动的组织宣传；作为新浪的频道合作品牌，可参加与合作品牌相关的新浪活动。

④品牌广告宣传支持。

一是提供高密度的强势广告资源支持，持续形成网上品牌冲击。

二是新浪网其他相关频道将长期设置品牌合作频道的链接，以配合加强推广力度。

在以上基础上，新浪组织专门团队，提供从客户服务、内容编辑、技术支持、设计制作全方位的服务体系。

（2）专题赞助。

新浪敏锐的新闻眼光和广泛的合作范围不断捕捉新的新闻传播信息，并建立立体的整合专题。与此同时，新浪也为客户开辟了品牌和产品推广空间和机会，由此形成了客户与新浪专题合作的契机。合作方式为：一是专题特约赞助，专题推广期间专题名称以某品牌特约专题出现；二是品牌广告宣传支持，在新浪专题内及进入专题的入口链接位置开辟了丰富的广告资源，作为客户品牌及产品推广的手段；三是参与频道内容相关活动，新浪各专题内容丰富，表现形式多样，聊天、竞猜、网上评选等内容对网民的吸引力极强，由此增加了与客户合作的机会。

（3）活动合作。

新浪与各文体、新闻机构开展广泛的合作，开展各类形式的推广活动，客户可以此为宣传契机，为品牌、产品推广创造新的机会。

合作方式有以下两种。

①线上推广合作方式。

一是活动入口链接加入合作企业的 LOGO，点击后可进入活动内容页，或在活动开展后的恭贺广告中融入企业宣传内容。

二是活动专题内的广告组合宣传。

三是合作企业参加与活动相关的在线交流活动（在线访谈等）。

四是与活动相关的在线直播等即时性宣传中融入企业宣传内容。

②线下推广合作方式。

一是线下合作媒体报道活动时提及合作企业。

二是活动现场提供灯箱、看板、活动制作物（服装、奖杯等）的推广形式。

（二）新浪等网络媒体广告客户分布及分析

1. 行业总体概况

iResearch 的统计数字表明，2003 年中国网络广告投放费用最多的广告主是联想，共投放费用 3015 万元，其次是易趣，共投放 2529 万元，三星位列第三位，投放金额 2156 万元。

综观 2003 年投放网络广告费用最多的 21 家广告主，国内国外著名企业分别占 12 家和 9 家，如图 1－2 所示。

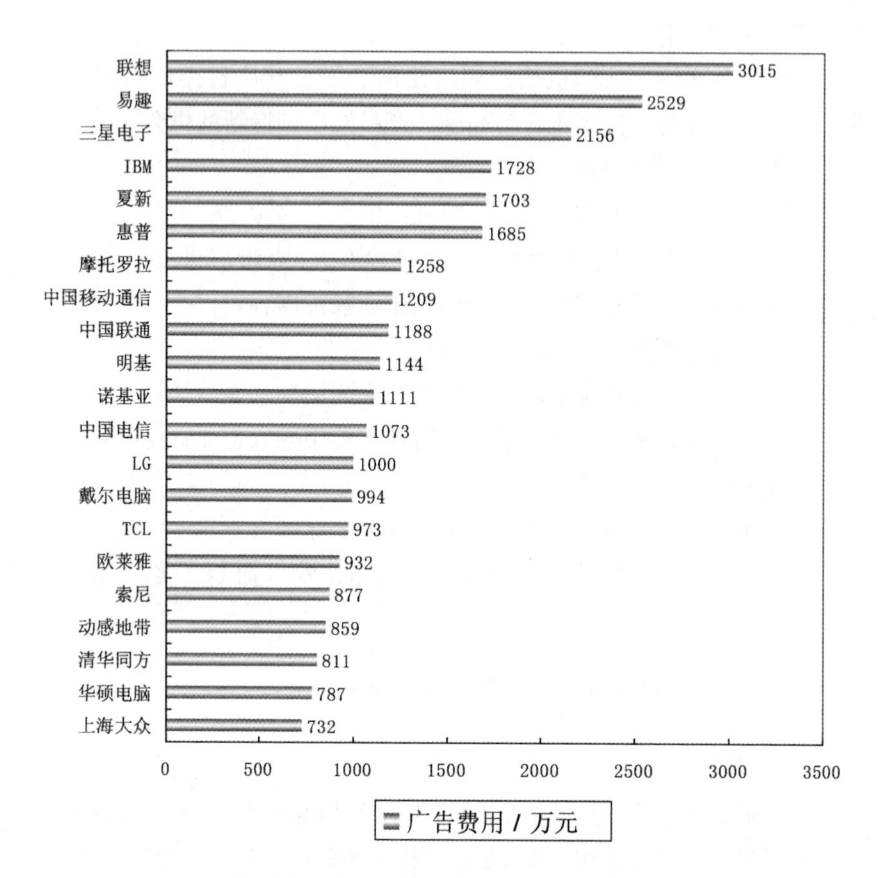

图 1 - 2　2003 年投放费用前 21 家广告主

资料来源：iResearch。

另据 iResearch 统计数据，2003 年中国网络广告市场 10.8 亿元中，以 IT 产品类支出比例最大，占 25.3%，其次是通信服务类，占 16.5%，交通类占 11.2%，位列第三，如图 1 - 3 所示。

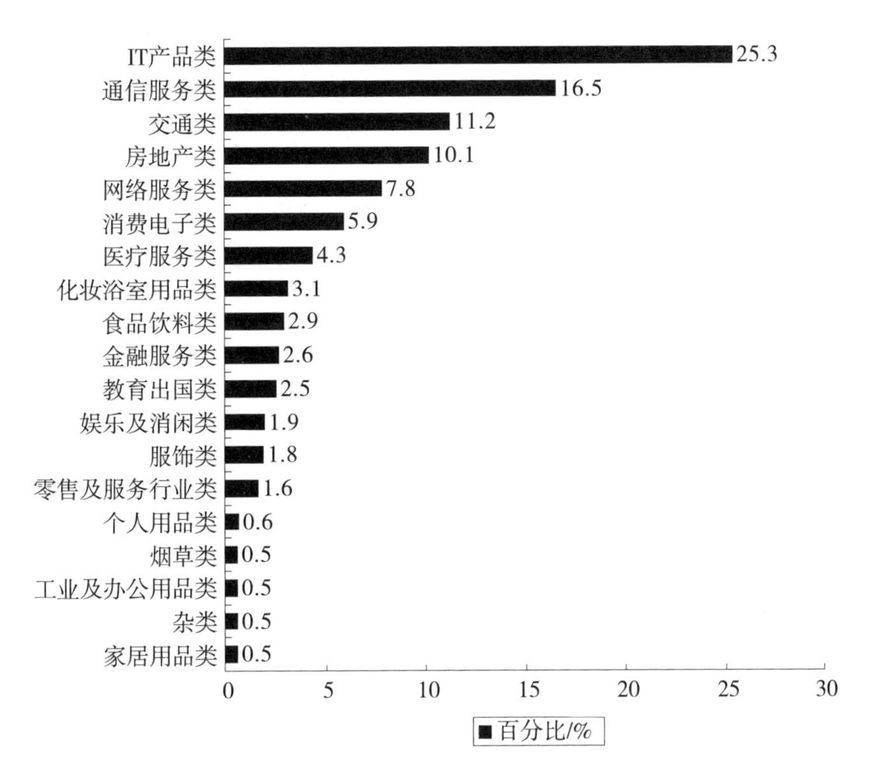

图 1-3 2003 年各行业网络广告支出所占的比例

资料来源：iResearch。

2. 新浪广告客户状况

新浪的广告客户遍及各行各业，主要集中在 IT 类、通信类、金融服务类、食品饮料类、医药保健类、生活用品及服务类、报纸杂志类、家电类、房地产类、教育类和体育类。

当戴尔、欧莱雅、强生、耐克等国际著名企业在中国实施网络营销策略时，均选择新浪作为其网络合作伙伴。2003 年投放费用前 21 家广告主绝大部分在新浪都有广告投入。

3. 与中央电视台广告客户对比分析

来自央视国际的同期资料显示，中央电视台 2003 年上半年广告招标段客户主要有：1~2 月，娃哈哈、熊猫、新天干红、健力宝、汇源、南方高科、宝丰酒、蒙牛、步步高、双汇等；3~4 月，汇源、统一饮料、伊利、美的空调、汇源果汁、银鹭食品、恒康乳品、太极集团、哈药六厂等；5～6月，伊利集团、海尔集团、银鹭食品、统一润滑油、加加酱油、哈药六厂、康必得（恒利药业）、美的、中国电信、熊猫、东南汽车、长虹空调、海信空调、中国人寿。

以上电视广告主要集中在食品饮料类和家电类，2003年前21家网络广告主在广告招标段少有投入，从另一个角度看，广告投入颇丰的国外广告主在中央电视台广告招标段也鲜有动作。2004年，中央电视台黄金时段广告招标虽然取得了44亿元的成绩，但是广告主的行业集中度丝毫没有缓解。一方面是网络广告各行各业的百花齐放，另一方面是中央电视台电视广告的行业集中度越来越明显，因此充分利用网络资源吸引诸多行业在中央电视台上投放广告就显得尤为突出，同时，利用电视广告促进网络广告价值的提升。

（三）新浪网络广告的运作方式

1. 严格广告代理制

广告代理制是国际广告运作通行的准则。新浪的网络广告运作通过非常严格且管理完善的广告代理制度实现，在共同繁荣、共同发展的前提下，新浪与众多优秀代理公司建立了长期良好的合作关系。2003年，新浪的广告代理商数目发展到了三百余家。新浪市场与销售CMO张政认为：新浪的广告结构由原先IT类广告独大，占总量的70%多，到现在只占20%左右，逐步趋向合理，这是实施广告公司代理商制度带来的变化。尽管新浪有100人左右的广告业务员，但新浪不鼓励业务人员直接去拉大客户、抢订单，而是要求他们做好服务工作以避免与代理商展开竞争。新浪95%以上的广告都是通过广告公司签订的，广告公司是广告代理制的中心环节，也是网络广告价值链中很重要的一个环节，可以使得运作更加规范、更高效，同时节约运营成本。

除了通过广告代理公司代理广告业务外，新浪还通过自己的广告业务员发展新客户，并称之为“直客”。广告部门突然接到某不知名企业的来电时，“直客”部门会了解该企业的状况，甚至监测其从业资格（地产商的五证、保健品的批号等），同时通过当地的代理商（新浪在一些地方的代理商同时负责网络广告、分类广告、黄页、企业网站等业务）来了解其是否有持续的投放实力，在条件成熟之后新浪的“直客”部门会派人去当地考察、接洽。快签约的时候，新浪会推荐几个广告公司供对方选择。最后回归到通过广告公司代理新客户的广告业务。

2. 以客户为中心，注重品牌诉求对象与频道消费群体的对位

在选择广告的媒体载具时，新浪的销售人员会注重品牌诉求对象与频道消费群体的对位，注意“受众人群的精准度”这一特征。比如面向年轻消费者的产品会推荐到“娱乐”等频道，而一些面向成熟消费者的广告，则会推荐到“汽车”等频道。另外，新浪还非常强调售后的沟通和服务，比如世界杯、奥运会等重大活动时如何在新闻内容和链接上体现出对大客户的照顾等。

3. 严格广告销售队伍的管理和考核

新浪有一系列对广告销售队伍管理和考核的制度。从第一天做网络广告起，新浪的销售人员便被灌输这样一个观念——能够卖出首页和黄金版位的销售人员不是好的销售人员，能够卖出三、四级页面的销售人员才是好的销售人员。他们会努力说服客户：三、四级页面可能浏览的客户绝对数量不多，但目标客户集群度高、网民黏度大，再配合一些专题，可能效果更好。客户反馈的满意度（投诉率）、广告公司中投放的力度与比例，都是衡量销售人员业绩的指标。

（四）新浪等网络媒体广告的主要特点

1. 大尺寸广告备受青睐

来自 iResearch 的统计：在 2002 年，长横幅大尺寸广告已经取代传统的普通按钮广告成为广告主采用最多的网络广告形式。2003 年，大尺寸网络广告包括通栏、画中画、弹出窗口等广告占据了绝对优势，传统的 468×60 像素的广告所占比例越来越小，如图 1－4 所示。

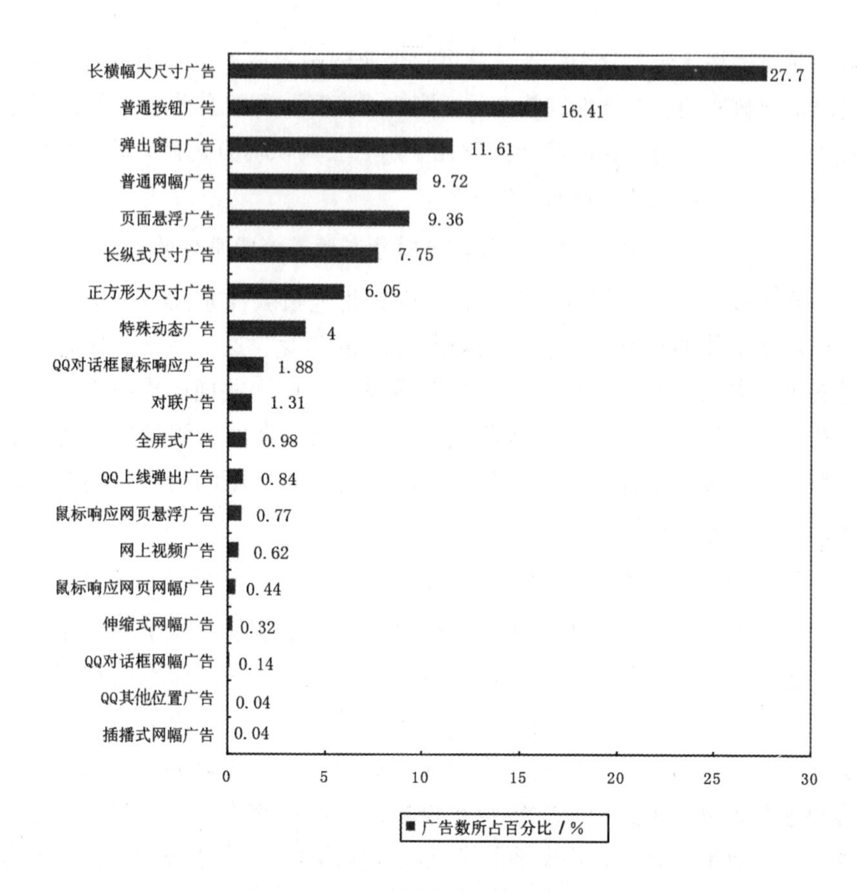

图 1-4　2003 年广告形式使用情况

资料来源：iResearch。

大尺寸网络广告信息量大，性质本身就吸引消费者眼球，与 Flash 制作技术相结合，广告表现图像高清晰，并可以有声音、游戏效果等，提升广告整体感受。而且，网民在观看广告的同时，不用离开正浏览的网页，这是一种被网民基本适应了的广告形式。

2. 电视广告网络化，网络视频广告生机勃勃

诸如网络视频等“丰富媒体”（Rich Media）是网络广告表现形态最重要的趋势。“丰富媒体”的历史可以追溯到 1996 年年底，美国网站出现了可与电视广告媲美的“插播广告”（Interstitial Ad），在网页与网页链接时，另开一个较小的视窗，广告主可以在里面提供更完整的讯息，“强

制”网友接收广告洗礼，化被动为主动。2003 年，互动通公司推出的 iCast 网络视频广告刚推出就显示出了巨大的吸引力，得到了很多广告主和媒体的认同，主流的网络媒体如新浪、网易、21CN 等都纷纷签约，播放这种类似于电视广告效果的带声音且播放流畅的网络视频广告。打开新浪的首页，网民经常可以看到弹出的标有“iCast”印记的视频广告，其基本形式与电视广告无异。

网络视频广告表现形式多种多样。例如，ESPN 公司提供的滚动广告，模仿电视广告的形式，在视频内容播放之前和播放过程中添加广告。又例如，宝马汽车电影，以及邮件视频广告等形式。再例如，采用微软的在线视频技术 Windows Media Player，既能在网络上播放与电视上一模一样的商业广告，也可以将全屏广告下载到 IE 上，等到用户翻阅网页时播放广告。网络视频广告格式有一个关闭按钮，因此那些不喜欢弹出式广告和其他网络广告的用户能关闭广告，同时网站也能控制广告的播放时间、位置和频率，以便更好地达到与网民的良性互动。

随着宽带的普及和应用，视频广告形式得到了更多的发展机会，宽带的发展和普及无疑为“丰富媒体”广告发展扫清了道路。美国 Jupiter Research 公司调查表明，在美国，观看在线视频广告的观众和观看电视广告的观众数量越来越接近。2003 年年底，中国的互联网上网用户数已超过 7950 万，居世界第二位，其中宽带用户 1740 万。2003 年，我国宽带用户的普及率只有 2%，伴随宽带市场的逐步成长和成熟，网络视频广告也迎来了它的黄金时代，成为网络广告的重头戏。时至今日，网络视频广告比电视广告更胜一筹。

3. 广告的技术实现形式与广告营销齐头并重

广告的技术实现形式与广告营销齐头并重基于以下两个前提。

一是网络广告面临的危机。科技的发展为网络广告带来先进的技术，从单纯的文字到动画，从单纯的按钮或旗帜样式到诸多样式百花齐放，从直白的平面到互动性的立体，越来越多的媒体技术运用到了网络广告中。但同时，在 2003 年的网络环境下，也带来了不利的一面，过多的技术含量过高的广告严重影响了上网的速度。CNNIC 调查中对“用户对目前网络广告最不满意的”选项中，第十二期和第十三期情况是：19.7% 和

18.0%的网民认为“广告数量太多”，31.7%和36.8%的网民认为“广告出现的方式影响了网民正常的网上活动”。认为广告数量多的网民下降了1.7个百分点，而认为影响了正常网上活动的网民却增加了5.1个百分点。诸多原因使得网民对网络广告比较厌烦，因此，广告的拦截技术应运而生并大行其道。3721的上网助手、Google Bar、Alexa Bar、Yahoo! Companio及MSN等拦截技术都为网民所大量运用，可以说弹出广告遇到了前所未有的生存危机。它们不仅可以拦截IE弹出广告，还可以拦截网页中的Flash广告、浮动窗口广告和ActiveX控件窗口广告。

二是网络广告的点击率偏低。CNNIC第十二期和第十三期调查结果显示：经常浏览网络广告的网民分别占19.0%和12.4%，有时浏览网络广告的网民分别占49.0%和46.9%，很少浏览网络广告的网民分别占27.7%和34.7%，从来不浏览网络广告的网民占4.3%和6.0%。两期数据对比表明，经常浏览的人数在减少，而很少浏览及从来不浏览的人数却明显增大。从另一个角度来说，经常浏览和有时浏览统计的是浏览广告的总数，极端的例子是，一个网民一直只关注一个产品的网络广告，那他也称得上是经常浏览广告人群，因此，具体到某一个品牌的广告，经常浏览和有时浏览的比例之低可想而知。原因是多方面的，包括网民对网络广告的信任度，网民对强制性广告的抵触，网络广告创意好坏，网民的上网特征等。

针对以上情况，网络广告从追求技术上的实现转变为以技术和营销并重。表现在两个方面：一是传统媒体的广告形式在网络上的呈现。除了上面提到的网络视频广告形式外，网络广告越来越多从传统媒体的广告中挖掘，如对联广告、新闻电子邮件刊登信息等广告形式。二是广告与娱乐形式结合，体现网络特色。例如，网络游戏广告，利用受众的上网特征，以游戏为载体进行广告宣传，吸引受众。游戏广告通常有三种形式。第一种是在游戏氛围中发布广告信息，将广告信息与游戏的内容和主题直接或者间接地联系起来，引起消费者对品牌的联想。第二种形式是把产品或与此相关的信息作为游戏的内容，通过反复展示来加强消费者对品牌的认知和记忆。这种游戏广告形式可以使广告信息得到最高程度和最多次数的曝光，是目前游戏广告最常用的形式之一。第三种形式是在游戏广告中通过提供产品的真实内容，让消费者在游戏的虚拟空间中体验产品，通过与消费者互动的方式来提高传递广告信息的效果。

4. 经营方式向传统媒体回归

经营方式向传统媒体回归，主要体现在两个方面：一方面，网站与广告主之间关系更为紧密和深入。网站在广告管理方面投入了巨大的力量，创设出更多满足广告商需要的形式、位置和时段。例如，几家著名在线出版商采用了新尺寸的广告，这些广告可让广告发布者用一半页面宣传其产品。半页广告是广告商所熟悉的印刷媒体式样，目的是让传统广告商更便于发布广告和讲出他们的语言。另一方面，网站与广告代理公司之间的合作是主要合作方式。由于网络广告客户越来越多样化和复杂化，从刚开始的 IT 企业发展到今天各行各业的客户，如房地产、汽车、药品和消费品等行业，由此催生了越来越多的网络广告代理公司和传统广告代理公司发展网络媒体业务。

（五）网络广告的发展

1. 网络消费调查、广告形式和呈现技术的联袂研究

站在 2003 年看，尽管掀起了一股网络调查的热潮，就网民调查这一块而言，还停留在对消费者基本数据的描述和分析，缺乏对消费者消费形态的深刻研究和动作，更缺乏对与之相适应的技术实现形式的研究。从 Yahoo！的目标族群式广告可以看出，网络消费调查、广告形式和呈现技术的联袂研究将会越来越受到重视，Yahoo！的目标族群式广告是通过搜索消费者的个人兴趣，再依据他们的兴趣显示广告。

2. 互动营销和传播的进一步深化

网络媒体在回归传统的同时，也在积极寻找着自己的出路，如果网络媒体也像传统媒体把媒体当作广告的载体，在网络媒体成熟后，它也将面临类似传统媒体靠主要广告时段（或版面）来获得收入和以增频和增刊的方式来提高广告总收入的困境。通过网络媒体实现广告主、产品和消费者之间的互动是其他媒体无法比拟的，但互动不只是广告的点击量、消费者资料的收集、调查数据的反馈和广告主和消费者之间的交流和沟通，而是在此基础上充分利用新闻传播资源、口头传播资源、舆论领袖资源和网络资源实现广告价值的最大化。

3. 报刊、电视和网络等媒体组合运用和多种媒体的互动传播

2004年年初，全国覆盖最广的中央人民广播电台第一套节目，在新的一年中成为全新的“中国之声”频率，在《新闻纵横》这一中国广播界舆论监督著名节目的基础上，“中国之声”推出了《新闻观潮》《中国调查》《今日论坛》等一系列评论类节目。新节目开播之际，央广评论部将新浪网选定为唯一的门户网站合作伙伴，联合打造“评论旗舰”，并在新浪网开辟央广论坛。内容平台的合作是广告媒体组合策略和媒体间互动的先导。这一点，中央电视台有着极其明显的优势，电视频道的优势地位、中国电视报的舆论优质受众资源、网站的海量存储，这是广告组合和互动的最佳土壤。

三、电子商务前景广阔

（一）电子商务市场概况

1999年我国网上购物的交易额为6000万元，2000年时出现了一个飞跃，达到了1.4亿元。在经历了互联网寒冬之后，网上购物出现了回升，2002年达到了3.7亿元。2003年受到“非典”的影响，中国的网上购物迎来了快速发展阶段，各大网上购物网站捷报频传，交易额节节攀升，2003年中国网上购物的交易额为7.9亿元。与之相对应的是，1999年左右，门户网站网易、搜狐和新浪先后开辟电子商务频道，意欲由门户模式向电子商务模式转变，电子商务靠着一个概念在互联网市场上声势浩大，旋风过后，整个行业进入了蛰伏期。2003年，电子商务市场又柳暗花明，尤其是经过“非典”时期的推动，电子商务市场前景光明。三大门户致力于电子商务；携程旅行网已在纳斯达克成功上市；中国电子商务行业的先行者8848在沉寂了一段时间后又重新回到电子商务领域，并锁定了“电子商务引擎”这一经营方式。

（二）新浪的电子商务经营方式

1. 电子商务经营模式

电子商务模式五花八门，但最具有代表性的是Amazon和Ebay的经

营模式，Amazon 做的是全套的购物体系，从仓储、物流到支付体系，而Ebay 则不同，它不参与交易，只是搭建一个 24 小时的交易平台，然后每个交易收取一定的费用，充分发挥网络的互动性。新浪采取的是后者，新浪前任首席执行长汪延曾经说过，互联网发展到现在，已经不再是阳春白雪，而只是一个工具，电子商务也逐渐脱离了高科技和 IT 的包装，只有全社会资源的共同整合才能推动其发展。

2. 走联合之路，注重资源整合

电子商务涉及的面相当广泛，非一个网站的力量所能及的，新浪对此有清醒的认识。2003 年年初，雅虎与新浪签署协议合资进军网上拍卖业务协议，为中国的中小型企业、买家和卖家提供全新的基于网上拍卖的电子商务服务。这项服务把新浪在中国市场的领先品牌和极富价值的用户群，与雅虎的全球品牌优势及其在日本和中国台湾、中国香港等地已取得的网上拍卖业务的成功经验相结合。通过该合资公司，雅虎和新浪合力打造了一个功能全面的网上拍卖电子商务平台，这一平台不仅为商品的销售提供定价销售和竞价销售等不同方式，并且还提供广泛的服务以促进交易。在此之前，新浪公司宣布收购了上海财富之旅酒店预订网，收购完成之后，上海财富之旅酒店预订网成为新浪网拓展电子商务业务的基石。

四、多元化经营策略

新浪除了将网络广告作为主要收入来源外，还不断地广辟财源，转向以网络媒体为主的多元化经营格局。

（一）短信等无线业务

新浪于 2002 年 4 月正式推出新浪无线业务，以打造中国的用户付费增值服务平台，提供无线增值服务、虚拟 ISP、收费邮箱服务和在线游戏等。2003 年，中国拥有超过 2 亿的手机用户，是全球最大的移动电话市场，从而为无线内容服务提供了巨大的商机。作为领先的线上内容整合商，新浪在无线增值服务领域亦居领先地位，为数以百万计的付费用户提供短信服务。新浪是国内最受欢迎的无线应用协议（WAP）门户之一。

2003 年，以短信为主的无线业务是新浪的主要收入来源之一。早先新浪在新闻内容上领先，但在判断和切入新业务领域时一度非常迟钝，在门户网站中，新浪是进入短信业务最晚的一个，前面谈到，各大门户进军电子商务领域时，新浪也居于末尾，新浪后来者居上很大程度上归功于其资源整合的经营方式。2003 年年初，新浪收购广州讯龙，之后，其短信等无线业务局面发生扭转，2003 年第 2 季度开始，新浪在铃声、图片等下载业务方面，囊括了 60% 左右的市场份额。2003 年第 3 季度的财务报表显示，新浪非广告收入达到 2050 万美元，占总营收的 64%，非广告收入中，96% 以上来自短信。随着业务的上升，新浪在北京现代城的新办公区扩充了一楼层，供无线业务部门使用。

（二）企业服务

新浪于 2002 年 2 月推出了新浪企业服务，将服务领域延伸至国内的中小企业。新浪的企业服务项目包括企业邮箱、企业黄页、分类信息、网络营销和电子商务。

（三）其他业务的开拓

在其他领域，如搜索服务、网络游戏、即时通信、宽带市场、收费邮箱和信息服务等，新浪也有所发展，同时有专门的部门负责跟踪和调查。时机一旦成熟，新浪会大力投入和开拓使其成为新浪的又一营收主力。

五、资源整合之路

门户的一大策略就是合纵连横，充分利用外部可资利用的一切资源，将它与自己的优势相结合，从而获得独特的盈利能力。新浪通过资源整合，以兼并或者合作的方式在不断发展壮大，通过与国内外 600 余家内容供应商达成合作关系，新浪设在中国大陆的各家网站提供了 30 多个在线内容频道。新浪及时全面的报道涵盖了国内外突发新闻、体坛赛事、娱乐时尚、财经及 IT 产业资讯，成为众多中国互联网用户生活中不可或缺的部分。新浪很大一块收入来自以短信为主的无线业务。新浪免费电子邮件系统拥有 2000 多万活跃用户，仅次于 hotmail、雅虎和美国在线。新浪综合搜索引擎也一直在国内名列前茅。诸多成绩的取得，是新浪充分利用社会资源，最优化配置自身资源的结果。列举如下：

2003 年年初，收购广州讯龙，发展短信为主的无线业务。

2003 年 3 月 1 日，新浪携手法国达能，共同率先铸造网上健康天地。

2003 年 4 月 15 日，新浪与中国搜索联盟结成战略合作关系共拓搜索引擎服务。

2003 年 5 月 29 日，万代与新浪合作为中国手机用户提供数字卡通内容。

2003 年 7 月 8 日，新浪与华旗资讯、迈世亚科技合作打造国内收费邮箱市场。

2003 年 11 月 21 日，新浪 IE 通携手 CNNIC 搜索引擎领域再度出新。

2003 年 11 月 28 日，新浪宣布代理世界著名网络游戏《天堂Ⅱ》。

2003 年 12 月 9 日，新浪宣布收购在线旅行服务公司。

2004 年 1 月 14 日，雅虎与新浪签署协议，合资进军网上拍卖业务。

资源整合、跨媒体合作是网络媒体发展壮大的通用策略。

案例2　搜狐的门户矩阵和多元化经营

一、概要

搜狐成立于1996年8月，由张朝阳博士在美国依托MIT媒体实验室主任尼葛洛庞帝先生和美国风险投资专家爱德华·罗伯特先生的风险投资支持创办的。而后进一步得到英特尔公司、道琼斯公司、晨兴公司、IDG公司、盈科动力、联想等世界著名公司的风险投资。2000年7月12日在美国纳斯达克挂牌上市，从一个国内门户网站发展成为一个国际知名的网络品牌。

搜狐建立了以新闻中心、产经中心、时尚中心、教育中心四大板块为主体的丰富的内容频道体系。推出了新闻、财经、体育、IT、游戏、生活、健康、女人、旅游、求职、社区、地方版、汽车、房地产、嘉宾有约、娱乐、宠物、求知及邮件、短信等网上栏目。

搜狐是网络用户进入互联网的最佳通道之一，是广大网民网上社交、学习、生活和购物的场所，是向企业客户、个人用户提供短信、游戏、邮件、校友录、搜狐在线等互联网定制服务、个人理财服务、电子商务等全方位网络服务的网络平台。

2003年，搜狐全年营收达到8040万美元，同比增长180%，净利润（按US GAAP标准计算）达到创纪录的2640万美元，每股净收益高达66美分，率先成为中国实现全年盈利的门户网站。其以连续14个季度实现双位数收入增长的业绩，刷新了自己创造的纪录。2002年年底，搜狐斥资近3亿元人民币并购了17173和焦点网，开始全面提升网络资产总量，朝着形成门户矩阵的目标进发。

二、发展模式和发展战略

2002年，搜狐公司深刻分析了中国互联网发展的实际情况和自身优势，逐步确立了“2C 发展模式”和网站发展战略。

（一）2C 发展模式

2C 发展模式，即建立双向复式业务渠道，通过搜索、手机短信、邮件、校友录、搜狐商城、搜狐在线、网络游戏等面向个人消费者的多种营销方式，实施互联网增值服务；通过企业登记、网站排名、在线广告等多种营销方式，实施多种面向企业的互联网增值服务。

通过这两项增值服务，开拓和形成企业客户业务线和个人用户业务线，依托这两条业务线，建立和奠定网站发展和创收的基础。

（二）网站发展战略

网站发展战略是以品牌建设推进两线建设，实现多元化发展、多维创收。其中，两线建设是基础，品牌建设是核心，多元化发展是手段，多维创收是目的。

（三）发展战略的形成和特点

1. 发展战略的形成具有前瞻性

由于网络经济发展初期的认识局限，搜狐在建立初期的发展战略是不明确的。进入网络寒冬以后，随着思想认识的升华，逐渐形成了以品牌建设为核心，以两线建设为基础的多元化发展战略。

搜狐品牌战略的明确提出，源于 2001 年 8 月在北京饭店召开的新闻发布会。当时，三大门户网站面对一场邮箱收费潮的挑战。搜狐不仅明确宣布：考虑“用户的终极利益”邮箱不收费，而且将推出新的、功能更全的“闪电邮件”。从此，搜狐的整体发展战略由战术思考转变为战略思考；由争夺局部优势转变为提升网站的核心竞争力；由作秀转变为提升品牌资产的价值。

为了实现这种发展战略，搜狐从 2001 年 11 月 16 日开始进行了一系列战略调整和市场开拓行动：与北京美加建业结盟为战略合作伙伴，正式开发网络教育平台。2002 年 2 月 25 日，搜狐正式推出专门针对企业用户提供收费服务的搜狐企业在线——SOHU，10 天后，正式推出搜狐黄页。

20天后“搜狐分类广告”进军青岛市场，30天后进军闽南市场。2002年4月17日，搜狐与国联证券有限责任公司联合成立合资公司，注册资金5000万元，主要从事在线金融证券交易技术服务。同年8月26日，合资公司平台——搜财网正式启动。

另外，搜狐也开始尝试短信以外的个人收费服务。2002年4月16日，搜狐宣布开始提供网络增值服务；同年7月15日，搜狐联手国研，尝试互联网接入服务，拨号上网号码为95933。

这一段时期至2002年9月2日搜狐改版为搜狐的战略调整期。

通过一系列举措，搜狐进行了市场开拓和多维资源的整合，发展和形成了自己的经营特色，逐渐找到了自己的创收点。

2. 发展战略具有稳定性

搜狐的发展思路清晰而明确。在具体实施的各阶段一步一步地向着既定目标发展和努力，这主要得益于搜狐领导团队的团结和稳定，这种领导团队的团结和稳定确保了搜狐战略实施的稳定性。

在运营实践中，这一点突出的表现在：较好地处理了发展和盈利的关系。用张朝阳的话说就是“盈利与发展是不矛盾的”“我们的业务是比较均衡的，不会偏到一边去”“公司盈利说明公司做的事情是能够被市场接受的。公司以较低的成本能够获得较高的收益，说明客户接受公司的产品，客户接受也说明公司有生命力。”

三、主要经营业务及其特色

搜狐的经营是很有章法、特色，其一段时期的财务报表写着：搜狐是“依赖在线广告销售、信息定制和电子商务作为主要营收来源”。自网络寒冬开始，搜狐在经营上进行了多种可贵的探索，比较成熟和稳定的有以下八种。

（一）搜索引擎服务

中国互联网络信息中心（CNNIC）多次调查显示，搜索引擎是网民查找新网站的第一途径，是企业推广网站的最佳方式。搜狐认为，商业搜索是网站的金矿。

搜狐的搜索引擎作为中国著名的搜索品牌，2003年每天的浏览量达到了1500万，提供搜索引擎服务是搜狐的核心产品，也是搜狐的主营业务之一。为了不断满足网民个性化和分众市场的需求，搜狐决心打造一个“人性化”“傻瓜型”和“信赖型”的搜索引擎。

通过代理渠道扩展搜索引擎的功能和作用是搜狐的一个重要的战略。由于搜狐最早尝试搜索引擎收费登录的服务，随着搜索引擎商业模式被认同，渠道发展的时机已经成熟。因此，搜狐开始了与各地实力强大、认同搜狐理念、愿意与搜狐长期携手发展的代理商的战略合作。通过对代理商的政策倾斜，扶持壮大它们的力量，开创共赢局面。世纪辰光在江浙地区拥有强大的客户资源和网络营销体系，与搜狐产品的接合是典型的强强联合，这是搜狐产品通过世纪辰光现有的服务平台，向终端延伸的一个极好办法。

2003年，搜狐推出了新闻搜索引擎。其采用先进的多线程Spider技术，它就像一部搜索区域广阔的雷达，同时监测着500家网络媒体的新闻（包括所有重要新闻网站和地区信息港及其他重要新闻信息源），新消息一发布，立即会被引擎发现并进行收录，保障了新闻信息向网民迅速提供。该引擎还可保留近一个月的全部新闻，保障了信息储备的丰富性。同时，引擎将所有信息进行相关度排序，使最有可能满足用户需求的查询结果排在最前，提高了用户搜索的命中率。

（二）竞价广告

网络广告是网络媒体重要的创收点。搜狐在沿袭其他媒体的共性广告形式的过程中，勇于创新，开拓出竞价广告的新模式。

竞价广告，是搜狐在网络营销中成功地将网络广告与竞价机制有机地结合起来的可喜尝试。它不仅取得了非常明显的经济效果，更重要的在于它反映出搜狐经营发展战略上的一种成熟和突破。

正当各网站为自己的搜索引擎“搜”出的“钱景”津津乐道时，率先进行搜索引擎收费服务的搜狐，没有满足于已经取得的进展，在自己的搜索页面及各主打频道推出了极富创意的一种全新盈利模式——竞价广告。

竞价广告是一种高效、自由、互动、具有广泛适应性的一种新型互联网广告方式。广告主可以自由选择竞价广告投放平台，通过为每个点击出价（又称竞价）来确定广告排名（出价高的排在前面），并且按点击次数计费。

竞价广告设计了如下模式：广告主预付搜狐一定量的广告费（最低300元），对广告感兴趣的网民每点击一次，预付款则被扣掉最低0.30元，无点击则不发生广告费，而广告的排列先后顺序完全靠广告主的单次点击出价来竞争。

一个化妆品广告主花500元在搜狐“竞价广告”上试着做了一期广告，3天内竟收到了200多个咨询电话，平均每花2.5元就有一个潜在客户入账。因此，这一广告形式受到了企业的欢迎。

为了扩展市场，搜狐在全国十几个中心城市展开了声势浩大的竞价广告路演宣传攻势。又与全国几十家地方主流网站结成“竞价广告联盟”。最大限度地扩大了搜狐竞价广告发布平台的覆盖面。到2003年年底，整个联盟已经包括了人民网等30多家全国性网络媒体和区域性网络媒体，基本上覆盖了整个中国，并开始涉足海外市场。

搜狐竞价广告强烈吸引人的地方主要有三点：一是广告具有很强的针对性。广告发布后，一般只有对此广告感兴趣的网民才点击，而这部分网民恰恰就是广告主希望找的客户；二是广告价位门槛低，广大中小企业都可以进入，因此又有人叫它平民广告；三是竞价广告充分吸纳了搜狐网站覆盖面广的诸多优点，让广告主在广告投放的选择上拥有了更多的自主权。比如，广告主可以根据自己广告的内容、性质，分别在搜狐的关键词搜索结果页面、分类目录页面和各相关频道（如生活、旅游、求职等）进行广告投放，以达到最佳效果。

2003年，到搜狐做竞价广告的广告主每天都在300家以上（不包括在搜狐竞价广告联盟网站做广告的广告主），以每位广告主每天发生广告费100元计，搜狐“竞价广告”每月就有近百万元进账。

建立“竞价广告联盟”，是搜狐走的一步妙棋。借助这个联盟，广告主、搜狐的合作伙伴和搜狐达到了三赢的局面。联盟中的合作伙伴不需要多少成本却带来了近七成的广告收入，而且加大和扩展了搜狐网络广告的市场覆盖率，使一大批资金比较短缺的中小企业成为了稳定的客户群。

通过联盟，搜狐掌控了大量的区域资源，提升了搜狐在区域中的影响力，更重要的是，搜狐找到了一种应对互联网地域优势的有效方法，为以后搜狐类似业务的开展积累了宝贵经验，并提供了一种可借鉴模式，这一点对于互联网站的长远发展无疑是非常重要的。

为了总结经验，2003 年，搜狐还在上海花园饭店召开了竞价广告的理论研讨会，以实现理性的提升和认识的飞跃。

（三）搜狐数据超市

搜狐数据超市是搜狐开展电子商务的一项重要内容。更是搜狐不同于其他媒体网站，利用无形资产创收的一个重要方面。

搜狐数据超市提供适应企业需要的行业发展报告和研究报告。该报告分为：付费报告和免费报告两种，还可进行在线咨询。

（四）搜狐电子杂志

搜狐电子杂志是一种利用电子邮件传送发行，进行在线订阅、由搜狐向订阅者邮箱定期发送的网络产品。

搜狐的电子杂志主要有：浪漫无限、校园延长线、音乐、英文 Days Up、IT 风云、搜狐硬件、搜狐家电、体育竞技场、So Life 宠物周刊、搜狐世界、娱乐周末看板、时尚滑板、健康贴士、游四方、So Life 享受周刊、求职广场、搜狐商城、SOHU 上海恰恰会、粤人谷网友俱乐部、男女、影视、游戏、China Ren 一周精彩等。

搜狐电子邮件 2001 年 1 月初正式推出，4 月初已有 200 万以上用户。每一类电子杂志都聚拢一群具有相同兴趣的网民。随着订户的增加，不仅会带来巨大的广告价值，而且订阅电子杂志的一般都成为了该网稳定的客户群。

（五）互联网定制服务

面向互联网最终用户提供手机短信和系列网络增值服务。搜狐的短信中心是网上规模最大、更新速度最快的手机图片铃声库之一。

（六）电子商务

面向互联网最终用户提供 B2C（商家对用户）的安全易用的网上交易平台和服务，以及域名注册等系列增值服务。搜狐商城曾经是网上著名的购物网站，业绩出色。

（七）开发网络游戏市场

2003 年 2 月 24 日搜狐公司正式开始进军网络游戏领域。在这一天搜狐推出了名为《骑士 Online》的国内新型 3D 网络游戏。该游戏先在韩国及中国台湾地区上市，中国大陆的运营由搜狐与韩国的 WIZGATE 合作。

《骑士 Online》是搜狐推出的第一款大型多人在线游戏。搜狐高起点的切入推动了网络游戏产业在中国的发展，为网民提供更全面、更精彩的在线娱乐生活。

（八）经营总结

由于搜狐坚持多元化发展，多维创收，因此形成了一个广进财源的营销格局。

2003 年第四季度搜狐公司的广告收入（包括品牌广告和搜索/付费排名）为 950 万美元，同比增长 120%。广告收入占 2003 年第四季度全部收入的 39%，体现出在线广告收入已经成长为攀升的收入主流。

2003 财年，搜狐公司的广告收入已经由 2002 年的 1390 万美元攀升到 2950 万美元，上涨了 113%，比 2002 年年度同期 50% 的增长速度有了一个明显的加速。

2003 年第四季度搜狐公司的非广告收入主要来源于消费者服务，同比增长 141%，达到了 1510 万美元，占全部收入的 61%，创历史新高。2003 年第四季度非广告收入由 1420 万美元的信息服务（主要是来自无线服务业务）和 90 万美元电子商务销售收入组成。

2003 财年，搜狐公司的非广告收入由 2002 年的 1490 万美元激增至 5090 万美元，增幅达 242%，反映出手机无线增值服务已成为年轻人日常生活的一部分。

四、多维发展，打造竞争优势

（一）进行渠道建设，建立起覆盖全国的代理体系

搜狐在同行业中最早构建了企业网络服务的全国性代理体系。2003年12月29日搜狐召开渠道代理商会议，总结一年来合作创造的不俗业绩、积累的成功经验，并确定2004年搜狐将进一步加强提高渠道整体素质，加大对地方渠道市场的支持力度，与渠道并肩作战开拓市场的发展大计。强调了搜狐的渠道建设宗旨：在走进代理、走进业务员、走进客户的新形势下进行市场体系建设的方针。

（二）建立搜财网，抢占金融增值服务先机

搜财网是由搜狐公司与已获中国证监会批准开展网上证券委托业务的国联证券联合开发的证券网站合作建立的，主要提供个人理财在线服务。

搜财网核心管理人员均为国内外证券、金融行业及IT行业精英，谙熟国际国内金融证券市场。搜财网有着明确的目标定位和清晰的业务运作模式，组成了一个创新而具有丰富行业经验的精英团队，是金融行业和IT行业结合的首次创举。搜财网具备强强合作、资源整合的高起点，显示了搜狐进入和开发个人用户互联网金融增值服务的气势。

（三）构建网上迪士尼，引领中国彩信新风潮

2003年10月30日，搜狐公司在北京举行新闻发布会，宣布与国际娱乐和传媒巨头迪士尼两大知名品牌强强联手，进行多条业务线全面的合作。搜狐公司董事局主席兼首席执行官张朝阳表示，“随着短信彩信业务的发展，有版权的特色内容越来越重要，搜狐作为媒体和SP，与国际强势的内容提供商合作是一个大的趋势，与迪士尼的合作将是搜狐历史上最重要的一次内容建设上的国际化重要合作。”

此次搜狐公司与迪士尼联手，是综合多条业务线的全方位合作，迪士尼中国网站在此项合作协议下也由搜狐承建并改版。搜狐把神奇的迪士尼娱乐世界通过互联网引入中国，并提供米老鼠、唐老鸭等众多迪士

尼动画形象的短信、彩信等手机图片下载、动画下载、游戏下载等无线增值服务，掀起线上线下快乐互动的迪士尼风潮。搜狐由此成为迪士尼在中国的网上窗口，为迪士尼在中国大陆的业务提供优秀的渠道和平台。

作为世界最大的传媒和娱乐巨头之一，迪士尼不仅在传媒、动画和乐园等方面具有强势地位，而且在移动增值业务上也取得惊人的成就。2000年，迪士尼互联网集团通过日本运营商开始提供迪士尼主题的图片、铃声、游戏和其他手机娱乐服务。“迪士尼移动”是日本首屈一指的移动增值内容提供商，并在世界各地21个市场与34家移动运营商进行合作，成为移动增值内容领域的市场先驱。因此，搜狐和迪士尼的合作给竞争日益激烈的中国SP市场带来巨大的震荡和深远的影响。

迪士尼强大的娱乐产品，极大丰富了搜狐短信和彩信内容。双方共同推出迪士尼卡通形象主题的短信黑白图片近400款，彩信动画及图片近300组，约4500张，支持诺基亚、摩托罗拉、西门子、三星在内的13个品牌的手机下载。其中，既有最经典的米老鼠、唐老鸭，也有新兴偶像小熊维尼，更有迪士尼当代精品《狮子王》和《海底总动员》中的人物形象。首期一经推出，即以独特的内容，构思巧妙的动画设计引起广大用户及业内人士的广泛关注。在迪士尼强大的内容支持下，搜狐彩信获取了不可比拟的独特优势，从而领先于行业竞争者。

搜狐与迪士尼的携手开启了搜狐新的娱乐品牌战略。搜狐公司首席运营官古永锵先生指出，搜狐一直具有强烈的娱乐品牌意识，随着互联网图文时代向音视频时代转变和搜狐个人业务线的迅速发展，搜狐与娱乐专门机构的合作将进一步延伸，还将陆续推出迪士尼主题的其他移动增值产品。

（四）进行资本输出，并购两大强势网站

房地产业是中国国民经济中保持高速发展的支柱产业之一，根据国家统计局的统计，2003年前9个月，房地产投资占GDP的8.2%，达到780亿美元，较上年同期增长32.8%。中国正在加速城镇化的进程，因此，房地产业已经成为具有巨大市场潜力的产业，以及全国大型的广告主。基于此认识，搜狐较早地建立了房产频道。

为了把房产频道办出特色，打造成精品频道，以真正实现搜狐房产

频道与购房者、房产专业人士的沟通，该房产频道建立之初，就以重金向社会诚征频道徽标、广告语和频道发展的建议。一向稳健的搜狐在2003 年 11 月 19 日突然发力，三天之内连续购并两家网站：游戏门户网站 17173 和房地产网站“焦点网”。这不仅反映了搜狐寻找新的收入增长点，“博弈”股价“压制”竞争对手的决心，而且反映了搜狐进行资本整合的决心。

成立于 1999 年年底的焦点网是国务院新闻办批准的具有新闻登载资格的七大商业网站之一，2003 年时拥有 110 万注册用户，是北京购房人和房地产企业中最具影响力的房地产网站。2003 年 2 月，焦点网“装修家居频道”被《精品购物指南》评为家居类第一名；2003 年 10 月，焦点网业主社区被《北京晚报》评为“最为活跃的业主论坛”。在北京，焦点网是购房者选购住房、家居产品、进行装修的主要窗口。2003 年北京地区就有 200 个楼盘选择焦点房地产网投放广告。

17173 成立于 2000 年，是网龙（中国）公司旗下的一部分，由中国网络游戏产业的先驱刘德建创建。采用 17173 这个数字域名，一是取“一起一起上的”谐音，体现网络游戏的群体娱乐含义，二是数字域名便于记忆。17173 在 2003 年拥有超过 100 个游戏地带和 430 万注册用户，是中国著名的网络游戏信息和社区网站。根据全球权威访问量统计网站 Alexa 数据显示，2003 年 17173 在中文游戏类独立域名中名列前位，在 Alexa Research 中国最经常被访问的网站的调查中排名第 15 位。

搜狐对这两个网站的整合，进一步扩展了搜狐的网络资产，朝着网络矩阵的方向迈出了坚实的一步，而且这两个网站的基础流量和人气资源都为搜狐带来了巨大的商业价值和显著效益。

（五）吸收联想、微软的高层管理人员加入搜狐董事会

2003 年 9 月 8 日搜狐宣布联想集团的马学征女士和微软亚研院的张亚勤先生加入搜狐董事会，此任命从宣布之时立即生效。

马学征女士是联想集团的高级副总裁兼首席财务执行官，联想集团是中国 PC 市场的先驱，世界 10 大电脑生产厂商之一。马女士主要负责集团的战略投资、金融和财政管理、市场及日常事务。马女士在财务金融和执行方面有超过 26 年的丰富经验，此次将加入搜狐董事会审计委

员会。

张亚勤博士是微软亚研院的常务董事，亚研院是微软在亚太地区的研发基地，有超过200位世界著名的研究员和科学家。在1999年加入微软前，张博士是新泽西普里斯顿Sarnoff公司多媒体技术实验室董事，就职于Verizon Corporation（former GTE）。张博士参与了MPEG2/DTV、MPEG4/VLBR多媒体信息技术的研发和商业化。他于1989年获得George Washington University，Washington D. C. 电机工程博士学位，是IEEE（Institute of Electrical and Electronics Engineers）特别会员。

马女士广博的金融经验和张博士在通信技术领域的专业经验对搜狐业务的扩展，以及搜狐品牌在中国互联网行业领域快速发展，起到了重要的作用。

（六）借金字招牌抢占网络新闻的制高点

网络新闻是媒体网站吸纳和聚拢人气的资源基础，是网络媒体内容为王的突出表现。因此，搜狐坚定地认为：有人气，才能有商机。因此，把网站发展的后劲建立在内容服务的回归上是各商务网站新一轮竞争的焦点。

因此，搜狐坚持每年一度的十大新闻评选。例如，2004年十大评选，特点有四：一是与凤凰卫视等强势媒体进行深度合作。凤凰卫视作为合作伙伴参与到此次活动中来，是电视媒体与网络媒体一次完美的结合。凤凰卫视丰富的内容资源及广阔的受众平台，使此次搜狐十大新闻评选在深度和广度上实现再一次飞跃，提升此次评选在公众和业界的影响力和公信力。二是备选新闻围绕三大主题展开，强调从结构到新闻选题的创新视角。选择一年来网友关注程度最高的新闻和人物作为候选，通过专题网站完成新闻的评选过程。三是尊重读者对新闻的直接感受，给网友充分的评价和讨论的空间。一篇新闻一位人物对于社会进步的推动将是选题设置和评选分类的标准，更人本地揭示新闻事件的本质，同时充分体现网络新闻独有的即时、海量、互动的特点。联合各行业权威、媒体、专业人士组成专门评委会。四是凭借网络媒体资源优势组成阵容强大的评委会。由学术界、传媒界、商业界的权威人士组成的评委会对每个选题和候选结果进行点评。

（七）培育和建设搜狐文化

搜狐的管理团队在国内网站中是最稳定的。无论是在网络寒冬的困难时期、在资源整合和网站运营的进程中，还是在融资上市后，进入资本市场历练的刚性的国际框架中，搜狐均能保持一个持续的发展和稳健的运营态势，其中一条重要的经验就是搜狐十分注重企业文化建设。可以说，搜狐文化已经成为搜狐可持续发展的重要文化支撑。

搜狐董事会是由东西方不同文化背景人员构成的，他们的文化背景和知识背景不同，掌握的信息量也不同，领导团队内发生矛盾的可能性很大。最初，董事会对搜狐人事的干预让张朝阳感到很烦躁。以前，一个总监的任命也要飞到美国接受董事们的面试。“他们不了解这里的情况却派来了船长，而船长也根本不知道哪里藏着冰山。”但是由于张朝阳对东西方的文化都有了解，而且注意并善于和董事们沟通和协调，彼此就增加了信任和理解。在董事会的工作中，张朝阳十分注意尽可能地收集和掌握信息，敏感地分析可能出现的问题。每次董事会前张朝阳都要给所有的董事打电话，事先了解和解决问题，预防在会上发生情况。

张朝阳还提出了“保守沟通”的理念，“沟通上要保守，要尽量报忧”，但并不回避作秀。“张扬不等于不务实，要在张扬中务实”，这是搜狐最为推崇的理念。搜狐的管理团队较好地处理了张扬和务实的关系，这种企业文化氛围的形成对工作的影响是很深远的。例如，搜狐在战略上很早就认为“搜狐是比较适合做娱乐产业的”。因此，搜狐把发展娱乐业作为一个既定方针。为此，他们不仅提出了进军娱乐业的口号，而且进行了精密的策划。例如，“投资了两百多万元”开展“手机时尚之旅”的活动；开始“明星制造”，对明星利用网络进行包装。为了探索“网络娱乐业”获取利润的方式，搜狐与索尼音乐合作包装的S06，使音乐人成为搜狐公司的短信代言人并全面介入公司的系列时尚活动，还可以不通过传统的唱片发行模式进行销售，通过网络传播的方式把音乐产品推向市场。2004年，搜狐拥有的每天超过1.5亿的页面下载量，本身就是最好的群众基础，在数以千万计的注册用户中，只需要有1%的人喜欢搜狐包装出来的明星，并通过网络购买他们的唱片，那就是一笔可观的数字了。

案例3　网易以短信和网络游戏为主的经营创新

一、概要

网易取意于“网聚人的力量”，于1997年6月创立。截至2003年年末，凭借先进的技术和优质的服务，网易积极开拓网络市场，探索经营之道，先后开发并推出了国内和国际时事、财经报道、生活资讯、流行时尚、影视动态、环保话题、体坛赛事等18个各具特色的网上内容频道及广东省和上海市2个地方站，1800个网上论坛，还创建了45种免费电子杂志，拥有1500万份的订阅量。为确保网上内容的丰富性和独特性，还同国内外100多家网上内容供应商建立了合作关系。截至2003年12月31日，网易的日平均页面浏览量超过了3.9亿人次，已有超过1.67亿名登记用户。其多种类型的社区聊天室，最高峰时有55476人同时在线聊天。

在2003年前，该网曾两次被中国互联网络信息中心（CNNIC）评选为中国十佳网站，也是率先提供自主开发网络游戏业务的互联网公司。通过不懈的技术创新和敏锐的市场开拓，网易是门户时代的一个集丰富的网上内容、活跃的虚拟社区、多彩的网络游戏和大规模的电子商务平台于一身的、多元化经营的、我国网络媒体的知名品牌。

二、短信和网络游戏等经营业务及其特色

网易的经营很有特色，其经营特色在全部经营业务中体现出来。

（一）短信创收

1. 网易的信息服务

21世纪初，中国是成为全球短信业务发展最快、最成功的国家之一，

各媒体网站2003年的财报共同显示，以短信为主的非广告业务收入在新浪、搜狐、网易这些网站总收入中的份额已经占到了总收入的30%、40%和50%。

在众多媒体网站中，网易以短信为主的非广告业务收入所占的比例最高，这并非偶然。除了短语、铃声、图片的竞争以外，网易很快推出了彩信订阅栏目，开辟了韩国专区，成立了短信交友俱乐部，显示了自己的特色。

2004年，网易可以订阅的短信有：超级音乐、生活多彩、头条新闻、动感体坛、感情画廊、都市丽人、娱乐八卦等，包括新闻类、娱乐类、体育类、情感情趣类、生活类、图书订阅类共计32种。

在发展短信的过程中，网易彩信（MMS）业务也获得了快速发展。2004年，网易彩信的注册用户已经超过30万，每天的彩信发送量也已经达到了20万条以上，而且网易MMS业务还在以每天4位数的幅度稳步增长。网易的MMS铃声下载、彩图下载、Flash动画下载，无一不是精品。

2. 网易彩信内容丰富、形式多样

手机自写彩信给人一种诗情画意的感觉，网民可以自制风格独特的音乐散文，娱乐自己也娱乐朋友。网易随身邮，让网上通信不再受时间和空间的限制，随时随地通过手机收发邮件，方便快捷。

在此基础之上，网易公司也在不断地完善栏目内容，增加了“红粉佳人”“影视推荐”“CD课报”彩信订阅服务，还不断地推出新品，比如说曾经最为流行的无间道手机射击游戏，每天悬赏5000元“缉拿”高手；还有方便快捷、容量大的手机名片服务；蝴蝶迷们的好去处——美尔彩蝶图片专区，均受到了人们的欢迎。

在众多的媒体网站中，网易走在了彩信服务的前列，开通了多达20条线路的客户服务电话、建立了24小时的绿色通道、保证随时解决客户的询问，接线员解决不了的问题，保证在一个工作日内给客户答复。

网易还组建了近百人的售后服务队伍，并且在广东设立客户服务中心，增加了40条直拨热线，从资源上、技术上保证用户获得售后满意服务的可能。不仅如此，网易每两周做一次客户服务人员规范的培训，以提高他们服务的质量和效率。

3. 推出“网易短信王”为短信提供技术支撑

“网易短信王”是网易公司推出的一款短信发送工具，它最大的特点就是实现了双向的交流，除了提供免费短信发送的服务之外，对方手机还可以直接回复短信到网易短信王上，进行交流、回复，还能定时通过短信王收取电子邮件，它还支持群发并具有短信到来提醒和同步服务器等功能。而且所有的操作和管理都非常方便。

短信王还有丰富的短信库，存储了近千条时下网络流行的短信，网民可以任意选择一条精彩的短信发出，这就避免了打字的痛苦，提高了发信的速度，为了增加幽默感和亲和力，网民还可以将自己喜欢的词句添加至短信库中。

此外，还可以通过短信王浏览网页，方便地管理通讯录、日历、书签、日记等个人信息，并具有日程安排管理功能，而且是一款完全免费的软件，文件大小只有938K，可以在所有的主流 Windows 系统平台上安装和使用。

4. 组建短信同盟

短信同盟是网易为了拓展短信市场，依托和整合社会资源而组成的一个群体性短信发行和运作组织。同盟采取利润分成的办法共同开辟短信市场。自2002年3月推出，2年内就有10万网站加盟了这个服务。

（二）以自主研发为主开发网络游戏市场

网络游戏频道是网易主要的创收点。该专业频道的用户年龄段分布在13~28岁，用户涵盖业内专业人士、广大游戏玩家及网民，大专院校学生也是游戏频道的主要访问用户。

2001年12月，网易率先叩开了自主研发网络游戏的大门。大型网络角色扮演游戏《大话西游Ⅱ》因为更加完善和体贴的内容设计获得了众多玩家的认同。

《大话西游 OnlineⅡ》以中国优秀浪漫主义古典小说《西游记》和香港著名系列电影《大话西游》为创作蓝本，为玩家展开了一个神怪与武侠交错，情感与大义并存的美丽世界。其面世一年多，就受到无数玩家的喜爱和支持，注册用户超过2000万，同时在线人数超过24万。《大话西游 OnlineⅡ》的良好表现得到了全国乃至全世界玩家的承认，获得了“2003 年度最佳国产网络游戏奖”。

网易也成功代理了韩国的一款风靡世界的网络游戏《精灵》，并于 2003 年年底又成功推出了自主研发的另一款网络游戏《梦幻西游》。

2004 年，网易游戏频道日访问量为 900 万，最高日访问量为 3.4 亿，平均在线停留时间 37 分钟。

（三）独具特色的网络分类广告

网络广告业务是网络公司十分重要的收入来源。在开辟网络广告市场时，网易没有把目标设定在少数高端用户身上，而是把自己的切入点放在了中小企业身上。通过分类广告这种适合中小企业的网络广告形式，为网易拓展赢收渠道，开辟创收资源奠定了成功的基础。

网易的分类广告有其独到的特点。

1. 抓住中、低端客户

网络广告主要面向高端客户，相对来说投入成本较大。为了开辟广泛的网络广告市场，网易以功能强大的搜索引擎为依托，以其品种繁多的分类广告项目、低廉、实惠的发布价格，有效地推广产品与服务，并以操作简单、目标针对性强等优势，获得了社会的认可，成为中小企业和个人商户的最佳选择。

因此，这种网络信息分类广告已经成为企业展示产品和企业形象、及时获取消费者反馈、节省自身成本并获得商机的有效途径。

2. 抢占华南市场

网易分类广告在北京成功试水后，实行了在全国范围内的推广活动。华南有庞大的中小企业客户资源，供求旺盛、信息交流需求大，2003 年 10 月 20 日网易在深圳举办新闻发布会，宣布分类广告大举进军华南市场。这是继网易公司与北京中天龙广告有限公司在 2003 年 1 月建立战略合作伙伴关系，实现强强联手开发网易的分类广告市场后，向华南地区的整合进入。

天龙广告有限公司，多年来建立了一套完整的行销系统，通过与广告公司建立地区代理的方式，运用代理商在运作中积累的丰富经验，不仅为快速拓宽华南市场奠定了基础，也为网易分类广告市场体系向全国延伸取得了经验。2003 年，网易的网络广告平台，是中国门户网站中分类广告发展最快、形式最为突出的平台之一。

3. 不断完善服务

网易分类广告十分注意吸取多方意见，总结运营经验后及时做出全新的调整。2003 年 5 月，网易推出了分类信息 2.0 版本，相比以前的版本，该版本更加完善了经营与管理流程，拥有了更强大的后台管理系统，同时也更细致地划分了行业与产品，页面更加清晰、更容易操作，从而大大加快了客户反馈的时间，使其更加快捷、方便适应客户的互动需求。对服务功能进行了全面的提升，更加受到人们的欢迎。

（四）搜索引擎服务

互联网前期的实践就证明：搜索完全可能成为网络企业的创收引擎。其通过出卖关键字，出售搜索页面上的位置和进行搜索排名，形成盈利模式。网易在开发搜索引擎业务方面进行了积极的探索。网易搜索引擎登录可以分为经济型登录 500 元/年、超值型登录 2500 元/年、扩展型登录 4500 元/年三种模式和固定排名、第一到第五位按关键词不同收费的办法。

为了扩展搜索资源，网易还和百度合作开展了竞价排名服务。

（五）推出网易泡泡，PK 腾讯 QQ 的已有市场

很长时间内，腾讯 QQ 在中文网络聊天业占据优势地位，2004 年已经有超过 1.8 亿注册用户、1000 万移动 QQ 用户。网易即看到网络在线聊天中人气资源旺盛的巨大商机，又看到了 QQ 作为聊天工具的不足，因此开发和推出了崭新的聊天工具——网易泡泡。像大多服务商那样，网易泡泡也选择了免费策略去争夺市场。由于聊天工具相差不多，可替代性强，网易泡泡推出的前两个月，只有 500 万用户，第三个月就跃升至 800 万，并以每天数十万的人数在增长。显示出了巨大的发展潜力，成为网易又一稳定的创收点。

（六）电子商务

网易的电子商务分为两块：以网上交易为主的网上商城和以网上服务为主的网上商务。

2000 年 11 月，网易推出网易商城，它为电子交易双方提供了在线电子商务平台。在网易商城中先后开办了数码商城、家电商城、香水化妆品商城、书籍音像和鲜花等个性化的商城，受到了网民的欢迎。

网易还开通了“卡卡屋”经营神州行手机号卡、电子商城充值卡、网易一卡通等，而且做到了北京、天津货到付款。除此之外，网易商城还和日本商城建立了很好的合作关系。网民可以在网上直接购买日本商品。

三、战略调整、资源整合，提升网站竞争力

（一）加强内容建设，建立国内大型的网络新闻制作基地

网络新闻是网络媒体竞争的主战场，是集聚人气的基础。因此，网易把抓好网络新闻频道的建设，作为确保可持续发展的重中之重的工作。自 2003 年下半年起，采取了一系列措施，特别是明显加强了内容方面改革和创新的力度，2003 年 9 月在门户网站中率先推出了商业报道，在全国招聘了大批记者，走以原创为主的道路。随后，女性、汽车、娱乐、房产、生活、健康、教育、出国、导购、游戏等一系列栏目都做了全新的改版。在 2003 年 12 月 31 日，网易编辑部 8 个频道首次跨部门合作，推出了宏大的年终专题“2004 中国示强还是示弱”。

（二）开展国际合作，进一步提升网络广告的竞争力

与网易的合作商 DoubleClick 为例。DoubleClick 的总部位于美国纽约市，是在国际广告界首屈一指的专业软件制作公司，公司在全球设有 22 家办事处，其中包括北京和香港。该公司的 DART Enterprise 能够对在线广告和其他数字传播渠道进行管理、跟踪服务和报告，帮助网站在现有架构上最大限度地实现客户广告的命中率，并能给广告客户提供第三方的监测报告及优秀的营销解决方案。

网易选择国际网络广告的知名品牌进行合作，进行广告效果地追综研究，是从广告商及合作伙伴的利益出发的重大举措，为广告商提供了更完整、更先进、更直接看到网络广告效果的广告推广平台，进一步提升了网易在线广告的竞争力。

（三）多方整合资源、让频道出彩

为了走出内容同质化的怪圈，网易采取了多种措施进行了资源的整合。其女性频道与护肤品牌妮维雅达成主题合作伙伴关系。网易凭借自身多元化服务的资源优势和在媒体网络领域的强势地位，整合发挥妮维雅公司引领全球美容护肤领域专业潮流的优势，通过网络向中国的女性网民提供最专业翔实的护肤品知识、最新鲜时尚的资讯及最快捷准确的顾问咨询。在相当长一段时间内，争夺女性网上客户资源，是网易发展的重要内容和重要战略。

（四）联袂 NEC 合力打造移动通信内容服务

2003 年，中国的手机用户超过 2.4 亿，中国成为世界最大的移动通信市场。无线收入是网易重要的创收点，网易是首批提供 WAP 服务的内容提供商，又是率先加入移动梦网计划提供短信息服务的网站，网易一直在跟踪无线互联网的最新发展。

面对飞速发展的市场和日趋激烈的竞争，能否提供优质的服务成为成功的关键和移动运营商及内容提供商关注的焦点。但是，自 2003 年第 3 季度以来，在网易的收入构成中占有大半壁江山的无线及其他收入竟然比第 2 季度下降了 21%，这一变化立刻引起投资者的强烈反应，网易公布季报的第二天，其股价就应声下跌超过 20%。网易无线收入下降的主要原因是中国移动对“短信联盟”的整顿及手机代收费的暂停，因此稳定短信市场，抢占彩信市场已经成为抢占市场制高点的战略性举措。正是在这样的背景下，2003 年 11 月 26 日，网易和日电（中国）有限公司（以下简称 NEC）总经理渡边修签署了合作协议，宣布与 NEC 合力打造移动通信内容服务。根据协议，在双方合作的第一阶段 NEC 将向网易提供在日本颇受欢迎的横山光辉《三国志》人物等手机待机画面，在中国广为人知的日本漫画、卡通人物、影视明星的待机画面，以及美国著名漫画大师的幽默作品等。二者的合作，不仅使网易移动的收入到2005年稳定在7000万元，还在数字版权管理解决方案、用户管理、认证、计费系统等IT领域综合解决方案的推广上整合NEC的资源，从而使网易取得后发优势。

（五）调整战略，退出邮箱收费市场

作为国内率先开发提供邮件系统的网易公司，一直将邮件业务作为公司发展的重点及重要基础服务之一。2001年11月，网易为了满足用户的要求又推出了杀病毒、反垃圾和大容量的收费邮箱，并针对市场的需求不断完善免费和收费邮件系统。

在邮箱问题上，网易实行的是双轨制，既有收费邮箱，也有免费邮箱。收费邮箱网易采取和当地邮局合作的办法利用网上邮政上门收费。为了扩展电子邮箱的使用效果，还推出了文学艺术类、财经类、学习类、电脑网络类、生活类、新闻咨询类六大类共有42种免费电子杂志，以电子邮件传送方式发行。

但是，2002年9月网易公司却对此做法做出重大战略调整。为了用邮箱的免费资源扩大在短信上的收入，网易确定全面退出邮箱收费市场，原收费邮箱服务转给了广州尚易计算机有限公司。这种战略转型极具战略眼光。

案例4　新华网的内容、信息平台及搜索服务

一、概 要

新华网是由中国国家通讯社和世界性通讯社——新华社主办，为国家重点新闻媒体网站。门户时代，新华网由北京总网和分布在全国各地的30多个地方频道及新华社的10多家子网站联合组成，技术设施先进，系统安全可靠，有“中国互联网站航空母舰”之称。

新华网“融汇全球新闻信息、网络国内国外大事”，每天以中（简、繁体）、英、法、西、俄、阿、日7种语言，24小时不间断地向全球发布新闻信息，是“中国网上新闻信息总汇”。

2004年，新华网总网的频道有40多个，主要频道有新闻中心、焦点网谈、网上直播、国际扫描、政府在线、人事任免、经济频道、证券频道、体育频道、教育频道、IT频道、科技频道、健康频道、读书频道、校园频道等。

二、新闻内容为王

新华网经营定位明确，一贯强调“内容为王”，充分发挥新华社的综合优势，坚持以新闻为主打，权威、及时、准确报道国内外政治、经济、外交、军事等方面的重大新闻，第一时间播报国内外重大突发事件。

新华网依托新华社遍布国内外的150多个分支机构，组成了覆盖全球的新闻信息采集网络，提供权威、丰富、快捷的新闻信息、大量的现场报道、独家报道和精彩的多媒体报道。不断探索，不断创新是新华网的一大特点。

除文字报道外，新华网还大力发展音频、视频节目，立体展示新闻信息内容。新华网的多媒体报道内容丰富，形式多样，节目亲切感人，

生动活泼。网民通过新华网的多媒体报道，不仅可以调阅文字、图片新闻，还可以收听、收看丰富的音、视频节目。

诸如种种，新华网真实、权威和客观的新闻成为其他网站新闻的主要供稿源之一，全国各大网站纷纷转载，新华网也成了网民核实真实信息的权威场所。新华网有版权的所有文字、图片和音频、视频稿件，需经过新华网授权方能转载、链接、转帖或者以其他方式复制发表。

三、依靠权威频道打造权威资讯、服务平台

（一）信息服务通道

2003 年 5 月，新华网在首页中专门增设了“新华信息发布”专栏，对外发布招商、招聘、招生、公告、展示、IT、金融、汽车、房产、企业产品等十大类专门信息。为各级政府、企事业单位提供了发布信息的渠道。此外，新华网在首页还设置了“新华服务”区，提供“中国权威经济数据查询”“外汇牌价”等财经服务，以及出行参考、礼品和购物等便民服务。

（二）信息网络化服务

新华网还充分利用互联网的特点和优势，为中央和地方各级政府、媒体、企业、科研机关、学校等提供综合性的信息网络化服务。

一是为政府、企业、媒体、学校承建网站。

二是为各类网站和政府部门、企业的信息网络化提供全套解决方案。

三是提供网络安全培训和认证服务。

四是为合作网站全年 365 天、每天 24 小时提供网站内容更新服务。

五是为各级政府、企业、媒体、组织和学校的各种重大活动和新产品推出进行多媒体现场直播。

六是组织新华社国内问题和国际问题研究专家定期作内部形势报告。

七是进行多种形式的信息网络化培训。

八是提供全国性和区域性的视频会议服务。

九是为中央和地方政府相关人员、企业领导人、媒体主管等提供权威信息和深度分析等特别的信息服务。

十是与国际项目管理委员会中国总部合作，进行国际项目管理（IPMP）的培训和认证。

四、新华网的搜索服务——依附中国搜索联盟

面对激烈竞争的搜索引擎市场，中国搜索联盟网罗众多中国网站推出搜索引擎服务平台，新华网也位列其中。

（一）中国搜索联盟简介

中国搜索联盟成立于2002年9月，是由中国互联网新闻中心、慧聪国际共同发起的一个以搜索引擎应用为核心的开放型联合体，联盟号召成员使用共同的搜索引擎，并以此为基础为加盟成员打造统一、有效的经营模式，从而推动各成员网站的发展。中国搜索联盟成员包括中国网、新华网、国际在线、中国日报网、中青网、中国广播网在内的新闻网站，千龙网、东方网、南方网、北方网、红网、四川新闻网在内的国内著名区域门户网站，263等商业网站及20家慧聪资深行业网站，并与新浪网和全国近200家信息港结成紧密的战略性合作关系，成为2004年国内最大的“搜索引擎服务平台”。

中国搜索联盟所采用的搜索引擎技术，是由中国搜索经过2年多的努力所开发的第三代智能中文搜索引擎。该搜索引擎将人工智能技术应用于中文信息检索，提高了对用户搜索请求的分析和理解能力，能自动对中文内容进行相关性分析，并支持中文模糊查询。除了中国搜索联盟的600家网站外，新浪、搜狐、网易、TOM、中华网、263等国内领先门户网站也都采用了中国搜索联盟的第三代智能中文搜索引擎。每天有数千万次的中文搜索请求是通过中国搜索联盟实现的。

（二）搜索引擎排名服务

2002年Sohu、Sina、Baidu相继推出搜索引擎增值服务，搜索引擎排名服务被广大的企业用户所熟知、认可，并逐步看好此项宣传给企业带来的成效。在投入大量精力进行搜索引擎的市场调查研究后，中国搜索联盟于2003年年初正式推出搜索排名业务。该业务成为推广企业网站的有效方式，成为企业产品和信息的网上发布平台之一。搜索引擎排名服务由于其搜索

排名的效果，以及其地域性和行业而受到企业和网民的推崇。

中国搜索互联搜索引擎的分类导航共由 15 个类目组成，即国家与民族、新闻媒体、工商经济、教育就业、科学技术、计算机与互联网、社会文化、文学、艺术、生活服务、娱乐休闲、体育运动、政法军事 、医疗保健、旅游交通等。每个主类目下又划分有许多子目录。

（三）搜索联盟广告形式

为了弥补单一网站势单力薄、招商能力弱的局面，所有成员网站的搜索页面均为中国搜索联盟的统一页面，从而在规模上、广告波及范围上达到与门户网站相匹敌，搜索联盟提供如下广告形式。

一是图片广告。在购买关键字和目录后，企业的网络（动态或非动态的）图片广告在搜索结果页的网页右侧出现。

二是 Banner 广告。在购买关键字和目录后，企业的网络（动态或非动态的）图片广告在搜索结果页的网页顶端出现。

三是文字链广告。无论用户用什么样的关键字搜索，企业的文字链广告都将出现在所有搜索结果页的右侧显著位置上，点击此文字链可直接进入企业网站。

四是热点资讯广告。无论用户用什么样的关键字搜索，企业的产品资讯都将以文字形式出现在所有搜索结果页上，点击文字链接可直达企业网站或产品页面。中国搜索联盟在所有搜索结果页的最下方，为企业提供了最新产品的宣传窗口。

五、其他经营业务

新华网的经营方式多种多样，更多偏重于技术性的服务，如为客户申请、注册互联网域名，同时为客户提供域名解析服务、网页设计制作、会议听打记录、网页设计与制作、主机服务器、页面更新服务、内容管理发布系统、网站内容检索、网页简体转繁体、论坛系统、企业级电子邮箱、搜索引擎注册服务、流量统计服务、网站维护等服务。

除此之外，新华网推出了网上多媒体直播服务，专设了“直播”频道。面向政府部门、企事业单位，提供多媒体网络直播服务，包括在线访谈、新闻发布会、大型活动、大型会议等。

案例5　中国经济网的市场定位和运营模式

中国经济网由经济日报社主办，其前身为1999年9月开通的经济日报网络版。中国经济网起步晚，但起点高，其于2003年7月28日开通，但早在2003年1月15日，国务院新闻办就正式将中国经济网列入中央重点新闻网站序列。

中国经济网在国家政策的扶植下和经济日报社雄厚资源的支持下，确定了明确的战略目标和与网络媒体发展相适应的相关经营机制，为其盈利和可持续发展奠定了良好的基础。根据计划，中国经济网在开通建设第一年将拥有20个频道，实现每日16小时新闻更新，日更新信息2000条，页面访问量1000万，注册用户20万；3年后，目标是拥有30个频道，实现每日24小时更新，日均更新新闻4000条，目标页面访问量达到2000万，注册用户180万的大型综合性经济网站。

一、目标积聚、市场定位明确

中国经济网刚成立时就宣布：是以经济报道和经济信息为主的新型网络媒体，致力于成为中国规模最大、功能最齐全的经济类综合门户网站和中国最权威的在线经济数据中心。

中国经济网定位明确，采用了目标积聚的发展战略，这与经济日报拥有的强大的资源是分不开的。经济日报具有丰富的经济信息资源和强大的信息采集处理系统，创建于1990年的经济日报数据中心是我国新闻资料界率先全面实现计算机化管理的单位。2004年，其拥有22个数据库，信息总容量达到14G，还拥有12个二次文件数据库，汇集了国内权威的经济数据统计信息。

中国经济网围绕着其发展战略和特色定位，倾力打造了20个精品频道，从股市、保险、医药、汽车、房产、家电、服装、旅游、通信、IT

等方面全方位满足其目标受众群体——政府官员、经济学人、行业专家与商界精英的资讯需求。囊括了中国经济活跃的几乎所有的主要行业。同时，还全力推出CE指数、CE图表等特色内容。CE指数包括：协同权威调查机构，全面统计的国内100多家平面媒体和40家电视台的数据信息，以及汽车、电脑、手机、饮料、化妆品、影音设备和推出的六大热点消费品市场活跃度指数。CE图表从宏观经济、财经证券、产业市场到新闻图表，用最为直观的方式权威披露各项经济数据。而宏观经济、财经证券、产业市场将是中国经济网的优势和主攻方向。

中国经济网通过与国外著名的经济类媒体合作，向全世界发布我国的宏观经济政策、统计数据、经济信息、市场动态，向国内各界提供各种经济资讯，并对国际国内重大经济事件进行分析报道。其精品战略、精品意识，以及其主要面向舆论领袖、意见领袖和行业领袖等受众传播的策略决定了其传播价值潜力巨大。

二、网站的盈利模式

（一）网站攻略初显盈利模式

在成立之初，中国经济网的“网站攻略”就初步显示了其盈利模式。中国经济网成立时确定了明确的“网站攻略”，主要内容为：一是进行浏览标志导航。该导航沿袭传统媒体重视头版的策略，用左导航的方式，节省首页的每一寸空间。二是注意知识产权的保护。其独有的带有版权保护的原创内容，网民在浏览前，需要安装安全认证插件，该做法实际上在培育收费市场，为收费做好准备，也对互联网版权意识提出了全方位的挑战。

（二）经济信息资源卖点

中国经济网经济信息资源充足。2003年2月28日，中国经济网的前身经济日报网络版新版在全国两会前开通之际，新闻日更新量就达到了800～1000条，在新闻网站中颇有竞争实力。

中国经济网充分利用经济日报资源库率先推出CE指数、CE图表，在所有的媒体网站和经济类商务网站中，该资源和图表均具有优势，其宏观图表、财经图表、产经图表和新闻图表受到财经人士和相关决策者的欢迎。

（三）网上远程教育的开发

中国经济网开通不久就与北大在线和中华会计网校强强联合开发网上远程职业教育市场。整合各方优势，开展收费培训，意欲构建知名网络教育平台。

作为国内著名的职业与网络培训服务提供者，北大在线与全球最大的网上培训课件提供商之一的美国 Skillsoft 公司合作，共同开发设置了一千多门职业与商务培训课件，涵盖了管理、市场、销售、财务等商务与职业发展技能的所有层面，为中国企业和个人提供完善的电子学习教育和培训方案。

2004 年，中华会计网校是国内权威的会计远程教育网站，也是联合国教科文组织技术与职业教育培训在中国的试点项目。中华会计网校，以雄厚的师资力量、先进的课件技术、严谨的教学作风、极高的考试通过率，为我国财政系统培养了数十万名专业优秀人才，被广大会计人员誉为“会计人的网上家园”。

中国经济网与北大在线、中华会计网校的合作基于充分发挥各自资源优势，共同致力于国内电子培训市场的推动，促使 E - learning（电子学习）方式在中国企业培训中扮演越来越重要的角色。

（四）报网分开，各具特色

值得补充说明的是，经济日报报业集团直属报刊虽然在中国经济网上建立了统一的内容发布平台，但报刊具体内容的发布由相关网络版完成，如经济日报网络版有单独的网址，因此，经济网给人的感觉耳目一新，简洁明快。

三、公司化运营模式

中国经济网内容的提出和建设，以及其力争建设成为一个权威的国家级经济信息综合门户网站的战略目标高瞻远瞩，彰显了其独特的竞争切入点。更值得一提的是，经济日报网络编辑室在筹备网站初期就以

“筹建公司，创办中国经济网形成独立运营的网络媒体”为指导，中国经济网与网络媒体运作规律相适应的公司化运作模式为其未来的发展奠定了良好的基础，如图1－5所示。

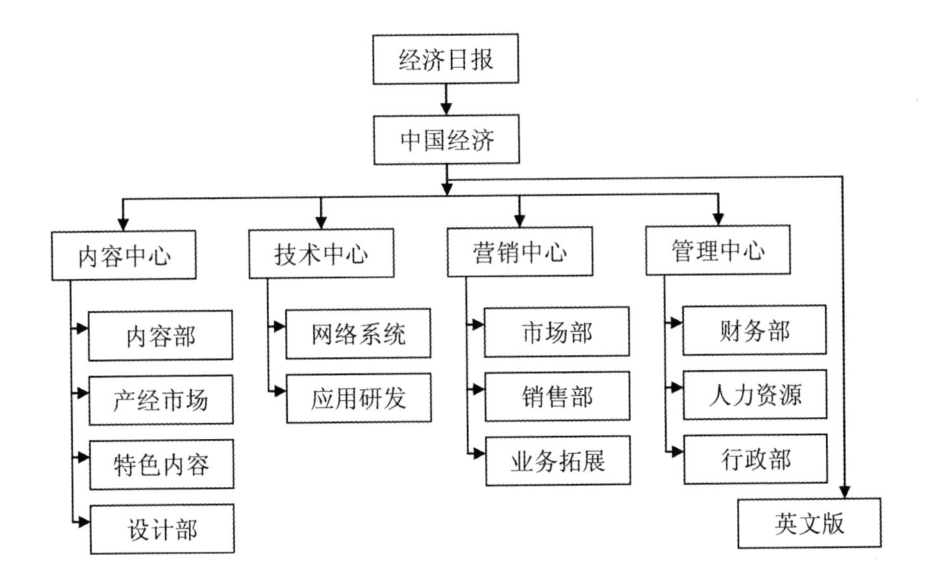

图1－5　中国经济网筹办初期组织结构

案例6　千龙网的特色经营和可持续发展思路

一、概 要

千龙网是经国务院新闻办公室和中共北京市委宣传部批准，由北京日报、北京晚报、北京人民广播电台、北京电视台、北京青年报、北京晨报、北京现代商报、北京广播电视报等京城主要传媒共同发起和创办的国内一家综合性新闻网站。2000年3月7日（农历龙抬头之日）启动，同年5月8日正式开通。

千龙网下设新闻、北京资讯、短信、论坛等多个频道，在经营中逐步形成了以千龙新闻为核心，以千龙资讯、千龙商务、千龙技术、千龙娱乐等为两翼的经营格局。

二、网站定位及特色

（一）总体发展目标

千龙网的最大特点是善于战略思考。自网站建设初期，就确定了明确的发展战略和经营目标：以新闻信息为主导，以立足首都，提供全方位信息服务为手段，最终成为与国际接轨、跨地区、跨媒体的有吸引力、影响力和竞争力的新闻网络平台；在互联网上建立一个思想政治工作的新阵地，对外宣传的新渠道，最终把千龙网建设成为“立足首都、影响全国、世界一流”的著名网站。

（二）千龙模式的探索

进行经营模式的探索是千龙网的主要特色，千龙网的全部营销活动也都体现在这种探索之中。由于该网在体制上富有活力，因此，在经营上可以更加灵活，特别是其以北京为依托，整合了丰富的网络资源，比起很多没有根据地的商业网站，具有多方面的优势。但在网站成立初期，一些人担忧，既没有商业网站雄厚的资本背景，又没有传统媒体网站丰富的人才资源和管理经验，千龙网是否能脱颖而出。千龙网经过反复研究，确定了坚持专业新闻网的定位，牢牢把握住新闻的正确导向和发挥内容优势，运用体制灵活的特长，开辟多维创收途径的经营方针。

运作模式上的创新逐渐显示出新的活力。9 家发起媒体不仅筹集了 3000 万元入股，而且抽调精兵强将到千龙网“轮岗”，从资金和人才上给千龙网的发展奠定了基础。该网成立的第一年，处在股东磨合期，从第二年改版以后，明显显示出快速发展的势头。这种势头首先表现在对网络新闻表现形式上的不断探索和尝试。

千龙网尝试突破制约传统媒体与读者缺乏交流的瓶颈，开设特色栏目“网络新闻排行榜”，将网民阅读最多的前 20 条新闻以动态的形式随时更新，充分利用互联网的即时互动特点，对读者和编辑双重指导。

千龙网每天更新上千条新闻，全靠自己的人力去采编是不现实的，成本也大，约稿却是产生独家和特色新闻的捷径。一方面，千龙网实行特稿特价，吸引有水平的作者撰稿，另一方面主动与外地媒体或个人合作，请他们供稿。2004 年，又公开招聘了一批时政评论员，组建自己的写作队伍。

千龙网每天还对精选的新闻，在自己的专业录音棚里制作音频节目，可以让网民听网上的新闻。实践表明：精彩内容与高超技术相结合，加上强烈的创新意识，才能把网络媒体不断推向新的高度。

在对新闻频道进行探索的同时，相关频道的建设同步展开，而且办事节奏快、效率高。经过不断的探索和改版，千龙网的营销模式，逐步形成和完善起来，逐渐形成了自己的优势和特点。“用网站吸引力建立稳定的客户群”是千龙网的一位研究员的感受。千龙网的运营特点也体现在网站的吸引力中，表现在以下五个方面：网上网下全面运营，开发网站的综合吸引力；突出名牌栏目，显示地方特色的内容吸引力；依托股东信息资源优势显示网站资源的存量吸引力；建设和推出贴近群众的栏目凝聚“亲情”吸引力；多方整合社会资源创造借势发展的合作吸引力。所有这些优势和做法的累加增强了千龙网的竞争力。

三、特色业务经营

（一）办好资讯频道，突出北京地域特色

资讯业务作为互联网的一项增值服务，市场潜力巨大。千龙网将自己的资讯业务定位于首都地区商家、企业、个人信息发布平台，旨在依托市政府和9家媒体的鼎力支持，突出北京地域特色，及时向网友提供有实用价值的信息服务，做百姓的生活参谋，家居帮手。

2003年，千龙网开通了4个资讯频道，页面简洁、活泼，美观大方。下设26个栏目和若干专题，采取新闻与资讯相结合的方式，向网友提供衣、食、住、行方面的信息服务。在栏目设置上另辟蹊径，如房产频道的《住房文化》、汽车频道的《赛车世界》特点鲜明；旅游频道的《京郊短途》荟萃京郊众多旅游景点、度假村，满足市民出游、休闲需要，其中的特色栏目《学生旅游》专门为学生量身定制了丰富的旅游活动。作为重点频道之一的《生活频道》共开设了时尚、美食、休闲、购物、家庭、情感、宠物、服务8个栏目，内容丰富多彩，服务性强。这种内容上的创新给网站带来了新的活力，受到了市民的欢迎。

（二）进行市场细分开辟特色短信资源

千龙的短信没有因袭其他网站的固有模式，而是进行了网上短信的细分和深度开发，推出了幽默短信、搞笑短信、语音短信、商务短信等新品种。短信的内容更加注重应用，更加贴近生活并能够刺激需求。仅短信就有：彩信订阅12种，短信订阅14种，还有“酷炫彩图”“合弦铃声”“言语传情”“对白精选”等。丰富的品种和个性化的特点，使千龙短信很快获得了消费者的青睐，成为网站主要的创收来源。

（三）整合社会资源、打造健康频道

2003年1月1日千龙网推出了健康频道。该健康频道自开通以来，以其专业化的内容和特色服务深为业内人士所称道，成为众多网络媒体中一个深受网民喜爱的名牌频道。

2003年，开办健康频道的网站有：新浪、搜狐、网易、人民网、中

华网、中青网、北方网、北国网、东方网、桂龙新闻网、古城热线、上海热线、青岛新闻网、东北网、青海新闻网、浙江都市网、央视国际、凤凰在线、中国江苏网、舜网（济南报业集团网站）、数字鞍山、北京在线、四川在线、温州健康频道、红网健康频道、中国消费热线健康频道、中国电力新闻网等近30个网站。

千龙健康频道在整合国内多家优秀健康类网站内容、发挥各自优势方面进行了有益的探索。参与千龙健康合作的网站包括：37C医学网、飞华健康网、E民医药网、中华食疗网、中国传统文化网、妈妈宝宝杂志等国内知名的健康类网站和杂志。这种资源的整合使健康频道具有了更加突出的优势。

该频道在首页及15个二级页面中共有200多个新闻资讯栏目，包括医药科技、健康时尚、心理、两性、食疗营养、育儿保健、中医药、保健品、健康测试、互动社区等内容。此外，增加了与中国保健科技学会合作的“绿色世纪”栏目，利用网络平台大力宣传中国保健品产业和保健品相关产品资讯。同时，还开辟了颇具网络特点的互动性社区“向阳公社”，为网友提供了方便的互动交流平台。

（四）建立市民留言板、开辟公益频道

千龙网认为：关注和报道群众关心的小事，同样有大的影响。因此，他们率先开辟了市民留言板。《市民留言板》是千龙网发挥网络特点，为市政府与广大市民沟通而提供的一个渠道。一年多来，市民倾诉的大量情况通过这里反映到了市政府相关职能部门，并取得了良好效果。从2004年2月起，千龙网安排专人负责市民网上留言的采访和回复工作，决心进一步办好这个贴近群众的阵地。为此，还公开聘请了时政评论员。

为了更好地贴近群众，千龙网还开辟了漫画新闻专栏，用通俗的、百姓喜闻乐见的形式搞好网络宣传。与此同时，还开辟了公益频道，设立了《公益热点》《公益项目》《明星公益》《志愿者行动》《网上春风行动》等专栏，这种做法在众多的网络媒体中也是一种突破。

（五）为宽带用户开设了网上电视台

2003年，千龙网为宽带用户新开设了网上电视台，推出了新闻、音

乐、影视和网上直播等频道。从现实的意义讲，这个网上电视台，是为了解决宽带用户在上班时间无法收看电视新闻，及对错过的新闻和其他资讯做集中检索和查看。发展早期，网上电视台的内容基本上采用的都是CCTV《新闻联播》《新闻30分》和BTV的北京新闻节目。

四、可持续发展之路

（一）进行发展战略研究，抢占理论研究的制高点

2002年5月，千龙网成立了千龙研究院，这是一家网络传媒研究院，设有研究部、研发部、项目中试等部门。在成立仪式上，千龙研究院与清华大学新闻与传播学院、北京大学新闻基地与传播学院、中国人民大学新闻学院、复旦大学新闻学院签署了共同建立教学实践地的协议。

1. 进行“千龙网核心竞争力研究”

为探索网络媒体未来发展方向，确立其长期发展战略，千龙研究院组织并承担了大型的研究课题“千龙网核心竞争力研究”。课题从分析千龙网核心竞争力入手，全面分析新闻网站竞争格局，在广泛调查研究的基础上，有针对性地提出新闻网站核心竞争力战略。

2. 进行互联网域名与网址技术研究

2002年5月22日，CNNIC、千龙网与科博会组委会共同主办了“互联网域名与网址技术研讨会”。CNNIC、香港第一电讯、北京金言丰语音技术有限公司、百度在线网络技术有限公司等国内主要网址技术研究机构和厂商针对通用网址技术及相关增值服务进行了讨论。

2002年5月，千龙—百度中文信息检索技术实验室宣告成立。

2002年12月5日，千龙网为了推进新闻标识语言（NewsML）在中国的发展和应用，在北京“中华世纪坛”顺利主办了“第一届（中文）新闻标识语言（NewsML）国际学术研讨会”。

2002年12月8日，千龙网为研究博客现象、促进博客发展和推动博客应用，由千龙研究院和博客中国联合举办了“首届博客现象研讨会”。众多博客、学者和传媒人参加了本次研讨会。

（二）采用现代管理理念，进行ISO9001认证

千龙网把自己发展的后劲建立在现代化的、科学的管理基础之上，在全国众多媒体网站中率先进行并通过了ISO9001认证。2003年7月30日，千龙网顺利通过ISO质量管理体系认证，为可持续发展，奠定了坚实的管理基础。

（三）运用连锁经营手段，进军网吧市场

网吧行业曾经是网络服务发展的一大利润点，而获得网吧连锁牌照是谋得市场份额的关键。有鉴于此，千龙取得了在北京范围内网吧连锁经营的资格。收购了北方互联互通馆，其是位于人民大学西门南侧的紫金大厦三层，营业面积约1600平方米，拥有近500台电脑的网吧。

除了规范网吧经营外，千龙互通网馆利用网吧开展多种的增值服务，如视频点播、视频会议系统、IP电话、IT新产品的展示和销售，以及各种网络游戏的发布和比赛活动。

另外，千龙还与社区的居委会或物业管理公司联系，为中老年人开设网络培训课程，向周边住户提供便捷有效的计算机及网络技术上门服务，力求使千龙管理的网吧不仅仅是一个提供上网娱乐的场所，也是大家进行文化交流、学习新技能新知识、享受便捷的技术支持和服务的重要平台。此外，千龙与中国移动、网星、云网、新浪、娱网、可口可乐、八亿时空、英特等众多企业合作，利用连锁网吧这一平台和载体，整合广告发布、游戏代理及竞技比赛、产品代销等业务内容，不断提高网吧的综合竞争力。

（四）为未来发展提供技术支撑

为了切实提升千龙网的综合竞争能力，千龙网把技术创新研究，为网站提供强大的技术支撑作为一项大事来抓。2002年11月4日，由北京市科委立项，千龙网移动事业部独立开发的短信息群发管理软件“龙信1.0短信群发监控系统”问世，这一短信群发统一监测平台的推出，对于加强短信息群发新闻监控、促进我国短信息市场规范化发展具有重大意义。

2002年11月27日，千龙网又与3721（北京）有限公司、搜狐（北京）有限公司、慧聪国际三家公司合作推出了全新的搜索引擎和导航服务。

2003年11月19日，千龙网推出“带硬盘”的免费邮箱“龙邮天下储留邮箱”。

2003年11月25日，千龙网又推出自主开发的一次性登录服务——“网络螃蟹”。

所有这些研发成果都为千龙网的技术和研发实力的提升起到了重要的作用。

（五）全方位地开展商务活动

千龙网利用其自身机制灵活的特点，全方位地开展商务活动。不仅涉足了搜索、信箱、短信、网上视频等领域，还在电子商务、远程教育和承建网站建设等领域开展得如火如荼。

1. 涉足电子商务领域

千龙网自2001年11月22日起涉足电子商务领域。该网与联合国贸易网北京中心签署了合作协议，双方充分利用各自的优势，共同开展基于互联网的国际贸易电子商务的双向信息提供业务，为国内各类外贸企业、民营或乡镇自营进出口企业铺设一条通向国际市场的金色纽带。

2. 开通了远程教育平台

中央广播电视大学出版社、中央广播电视大学音像出版社和台湾大新书局在教育领域及远程教育领域合作多年，三方共同开发了许多优秀的教材和远程教育平台系统。他们与千龙网签约并授权的《日语基础讲座》是一套集DVD、VCD、CD-ROM和Internet多媒体互动远程教学为一体的系列教学系统，具有相当高的实用价值和商业价值。

3. 承接网站建设任务

千龙网通过招标承接了地方新闻网的网站建设任务，如云南新闻网的网站建设。

这些都显示出一个全方位的、多元化的创收格局。

案例7　央视国际发展的战略与策略思考

2003年和2004年，是央视国际未实现公司化运作之前的主要探索期。这一探索，对于如今的主流媒体的发展仍然具有借鉴意义。

央视国际网络的前身为中央电视台国际互联网站。1996年12月建立并试运行，是我国最早发布中文信息的网站之一。2001年5月25日，中央电视台分党组决定，成立中央电视台网络宣传部，将网站正式列入总编室序列，明确为节目宣传部门。2003年7月12日，电视台人事办公室经研究决定，增设网络宣传部事业发展科。

央视国际网络成立以来，特别是网络宣传部成立后，央视国际网络事业有了很大的发展，已逐步成为中央电视台电视节目海内外覆盖的得力助手和信息传播反馈的有效渠道，是中央电视台对外宣传、信息集成发布、节目互动传播的重要形式。2002年，央视国际日均点击量达1亿次；2003年，央视国际日均点击量已上升至1.6亿次，涨幅达60%。随着央视国际访问量的迅速增加，央视国际的影响力也随之日益扩大。Alexa网站数据显示，2003年12月31日，央视国际的排名已上升到第98位，进入全球互联网站百强，居于中国国内媒体网站前列。2004年，央视国际影响力继续扩大，2004年年中，央视国际日均点击量超过2.5亿，与2003年日均点击量1.6亿相比上升了56%；日均访问人次超过100万。同期Alexa网站数据显示，央视国际在全球4000万个网站中的排名已由2003年年底的第98位上升至第46位，进入全球网站排名50强，在中央8家重点新闻网站之中名列前茅。

一、央视国际取得的成绩

（一）内容和频道建设

经过7年多的发展，至2004年6月，央视国际的内容和频道建设已经基本到位和成熟。

（1）内容“四大支柱”：新闻、电视指南、体育、娱乐。

（2）专业化频道：在工作中不断创新，共创建了38个专业化频道，建立8大节目编辑室与CCTV各节目中心的对应性。

①综合节目编辑室：视听在线、在线主持、首页组。

②新闻节目编辑室：新闻、英语、台湾、军事、国际中文。

③文艺节目编辑室：综艺、环球、电影、电视剧、音乐、戏曲、舞蹈。

④科教节目编辑室：国家地理、科技、教育、留学、西部。

⑤文化节目编辑室：书画、旅游、健康频道、电视批判、文化、民俗、时尚。

⑥体育节目编辑室：体育、篮球、足球、运动休闲、奥运。

⑦经济节目编辑室：经济、生活、广告、农业。

⑧电视指南节目编辑室：电视指南、主持人、线上故事。

（二）网络媒体特色

首先，关注时事，体现自然、科技和人文精神。其次，主要特色体现在音视频上。2004年3月1日，央视国际推出视听在线频道。新视听在线频道精选央视各类精华节目，每日制作网上视频点播节目30小时以上，在丰富网上视频节目的同时，也使央视节目通过网络得到进一步的传播。此外，央视国际通过技术挖潜和系统优化，将CCTV－新闻、CCTV－4、CCTV－9三套网上视频直播节目的码流由单一的56K低码流改进为28K－56K－128K自适应模式，满足了不同上网条件用户的多种收看需求。同时，为进一步加强新闻宣传，央视国际还推出了《新闻联播》《焦点访谈》等央视名牌栏目的300K网上宽带点播节目，这一举措得到了广大网友的一致好评。

（三）传播效果：影响力

作为站在巨人肩膀上的央视国际，从其诞生的那天就具备其他网站无法比拟的优势，并在此基础上积累了其“权威网站，大众媒体”的品牌印象。

（1）栏目上网：2004 年，央视 15 套节目共有 402 个栏目，上网栏目数已达 242 个，占央视总栏目数的 60%。

（2）在线互动：央视网与央视栏目进行互动，邀请专家、学者、电视人、栏目主创人员等进行在线交流。2004 年上半年，组织在线交流 300 余场。

（3）视频点播：每日制作并提供视频点播节目 30 小时以上，每天提供 30 小时以上的视频点播，像艺术人生、对话、开心辞典等。

（4）视频直播：对 CCTV－4、CCTV－9、CCTV－新闻三套节目进行全天候 24 小时直播。

（5）大型活动双媒体的直播互动：对大型活动、晚会、大赛等进行视频、图文直播，出现不少精品，如春节晚会、维也纳新年音乐会、登顶珠峰、走进非洲、埃及金字塔考古等。

（6）建立央视网的四大品牌：《网评天下》论坛、《电视批判》《线上故事》和《在线主持》。

（7）品牌媒体：央视网的品牌频道、品牌栏目、品牌论坛培养出一批名编辑、名记者、名设计师、名工程师，以及优秀管理者。

央视国际将党和政府的声音及时地向国内外发布的同时，也在向世界传播中国、传播中国的优秀文化。央视国际是中央电视台网上宣传的新阵地，是网上名牌栏目推介的新通道。央视国际在观众和电视之间架起了一座沟通的桥梁，使观众通过网络，加深了对中央电视台的了解，特别是广告主加深了对中央电视台广告的偏好，各栏目也收集到了观众的意见和想法，这对于提升栏目及其节目的制作水平起到了一定的作用。同时，通过这一系列的实践，央视国际打造了自有品牌，提升了其核心竞争力，凸显了网络特色。门户时代，网络就成为电视台立体传播格局的有机组成部分，真正实现传播立体化。

二、央视国际发展中面临的问题

央视国际经过几年的投入和发展，已成为国内外著名网站，进入了全球互联网站排名 50 强，居国内媒体网站优势地位。因此，极具成长性并拥有很高的品牌价值。但是，彼时的央视国际节目经费和运营经费严重不足，人员匮乏。2003 年前后，央视国际依托中央电视台的拨款生存，每年5000万元左右的经费，其中3/4是用于技术系统投入（主要包括设备维护费、技术托营运营费）的固定开支，网站节目经费和运行经费仅1/4，这1/4的费用还包括人员工资、节目、行政管理和日常技术管理等，其中人员工资就占去了剩余费用的90%以上，网站运营经费实际上所剩无几。相对于不断增加的工作量来说，运营经费难以支撑网络日益发展的需求。例如，上网栏目由2001年的40多个增加到2004年的242个，工作量相当于以前的6倍；大型活动网上直播与互动由原来的几十场增加到400场，工作量增长近10倍。相对于工作量的增加来说，经费和人员都严重不足，急需补充。这些都是发展中面对的现实问题，比现实问题更为紧迫的是，战略层面需要考虑给予央视国际什么样的体制和机制，以适应迅猛发展的互联网行业，并超前布局。

三、央视国际与相关网站的发展对比

相关网站，这里指的是国家重点新闻网站：新华网、人民网、中国日报网、中国网、国际在线、经济网、中青网和地方的千龙网、东方网。通过对比分析，有助于学习和借鉴其他网站的经验，找准央视国际的定位和与其他网站的差距。

（一）相关媒体网站的机制特点

相关网站中，大部分网站的共性主要表现在运营上的相对独立性和机制上的灵活性。

1. 运营上的相对独立性

（1）技术和内容的统一调配。

大部分网站的技术支持和内容建设均在网站的领导下统一调配。央视国际的技术部分和内容部分则分别运作，其技术不在网络宣传部的管理范畴。技术滞后或者技术平台不能够及时适应和满足内容建设的需要，或者说网站缺乏有力的技术支持，往往严重制约着网站的发展。例如，同期的春节联欢晚会，央视国际出现过“网络塞车”的现象。

（2）网站一级财务的支配权。

网站拥有一级财务权，但具体表现并不一样。例如，中国网实行

“一个机构两块牌子”的模式，虽然同属一套人管理，但各自的财务是分开的；中国日报网在事业体制下实行公司化运作，完全有自己的财务支配权。

（3）网站有自主的人事权。

在人才的引进、使用和考核等方面，相关网站都有相对独立的权力。而且，一些网站的母体还给予网站灵活的人事政策（如人员编制）。最典型的代表是中国日报网，人民网、中国网及新华网也有相关的特殊政策。

（4）网站管理的扁平化。

网站通过新成立的机构（如编委会）领导，加强网站的战略研究和战略规划，减少网站管理的层次，以提高工作效率，加快市场反应能力。

2. 机制上的灵活性

为了实现社会效益和经济效益的双丰收，各大媒体纷纷为自己的网站提供相对自由的发展空间。各个网站虽然强调舆论宣传第一的本性，但并不排斥经营，同时还加强了对商业体制模式的探索和研究。其中，最具有代表性的是经济网和千龙网的模式。中国经济网筹建期就以“实行公司模式运作”为指导思想。新华网也是采用类似的模式，实行“一个机构三块牌子”的全新运作机制：一是新华网络中心，负责对新华网的发展进行总体规划和全面协调管理；二是新华网编辑部，负责新华网的内容采编、制作、审核和播发；三是新华网络有限公司，负责新华网的事业拓展和市场运作。

中国网采用的是“一个机构二块牌子”的模式，事业型体制，公司化运作。相对而言，人民网采用的模式比较落后。人民网虽然成立了一个公司，专门负责市场运作和处理广告业务，但是由于公司无权对人民网资源进行充分整合，所以不能更好地开展经营活动。

千龙网和东方网实行的是股份制、市场化运作。其中，上海主要新闻单位和东方明珠股份有限公司、上海信息投资股份有限公司共同发起成立了上海东方网际传讯股份有限公司，并开办了上海规模最大的综合网站东方网。

3. 运营独立与机制灵活带来的效果

运营上的独立性和机制上的灵活性给网站带来了有效的激励。例如，从网站的维护费用来看，由于实行独立核算，中国网和中国日报网每年的维护费用分别仅为 200 万～300 万元和 300 万元左右，对于 2000 年左右的中国网站来说，维护费用十分可观。

当然，运营上的独立性和机制上的灵活性都是相对的，各大网站的母体通过新闻审核机制、考核体系、评价体系及审计机制加强对网站的调控和领导。例如，人民网有一套网络管理、新闻管理和论坛管理制度；中国日报通过资金管理小组，以及内部审计和外部审计等机制加强对网站的调控；中国网则是年初有计划，年中有检查，年终有考核，设有具体的社会效益和经济效益考核指标。

（二）经营创新的相关政策

各大网站都有来自上级主管部门的具体政策，概括起来有以下几点：

（1）网站的采编人员跟传统媒体人员同等待遇。

（2）鼓励记者为网站提供稿件。

（3）鼓励重点稿件优先上网。

（4）可以进行跨地区、跨媒体的兼并合作、重组。

除了上面提到的一些政策上的支持，各个网站还有自己的政策优势。例如，东方网有上海市政府的政策支持，在上海成立了一个网吧连锁公司；千龙网和北京电信合作“把宽带送到家”，在北京大量网吧存在管理问题暂不能开放经营的情况下，利用自身的资源优势，把宽带送到用户家中，解决了网民高速上网的难题；人民日报各个中心都有对口的网络编辑，为人民网提供最新的时事新闻；新华网在 2000 年 9 月就提出了“举全社之力办好新华网”的口号。人民网也提出了类似的口号。

给网站提供相关的经营政策，目的是为实现有效资源的最优化配置，打造一个全新的媒体，同时，在激烈的市场竞争中，不断提高网站的吸引力、影响力和竞争力，实现网站的战略目标。

四、央视国际发展的战略思考

截至 2003 年年底，在国家重点新闻媒体网站中，只有央视国际还保持着事业型运营模式，与同类网站相比，央视国际缺少灵活的机制、有效的激励和网络发展的相关政策，面对激励的网络竞争环境，央视国际既要服从网络媒体的市场运作规律，又要受到现有体制的制约和束缚，网站要实现可持续发展难度颇大；另外，将央视国际定位于“网络宣传”的功能也已经不适应网络和中央电视台发展的需要。在“党和人民喉舌的性质不能变，党管媒体不能变，党管干部不能变，正确的舆论导向不能变”的原则下，探索在中央电视台现有体制下的网站管理模式、内部运营管理机制和功能定位，与探索盈利模式一样，也是当务之急，不可偏废一方。为此，作者主持的相关课题认为应从以下七个方面考虑。

1. 运营模式

央视国际的事业型运作体制不适宜网络媒体的经营发展，可以探索与网络发展相适应的公司化模式。

2. 网站技术和内容的统一管理

网站的技术部分和内容部分分开运作，既不利于网站的发展，也不利于节约网站的运营成本，这是一个值得关注的焦点，网站的经营既要开源也要节流。

3. 人力资本建设

人才是网站发展的核心要素，网站的用人制度要与市场接轨，尤其是网站的中、高层人力资本的梯队建设更要引起中央电视台领导的充分重视。

4. 资源整合与优化

如何利用社会资源办好网站，吸引国有资本的加入，充分整合中央电视台内部和外部资源，优化资源配置，值得探索。

5. 组织结构和政策环境

探索坚持正确的舆论导向下的组织结构，为网站的发展提供良好的空间和政策环境。

6. 相关制度的建立

探索与网站的市场化运作相适应的激励机制、约束机制和管理制度。

7. 宏观调控和协作

探索网站与中央电视台各中心及其栏目之间的市场与行政手段相结

合的共赢体系和协调机制。

以上七个方面互成体系，是央视国际实现可持续发展的前提和保障。

五、央视国际发展的策略思考

（一）竞争态势分析

1. 竞争力模型分析

竞争力模型分析是通过对央视国际面临的整体竞争环境的研究，梳理思路、认识和把握网站的竞争态势，为制订策略奠定坚实的基础。

为此，采用五种力量模型分析的方法，对央视国际的竞争态势进行分析，如图 1－6 所示。

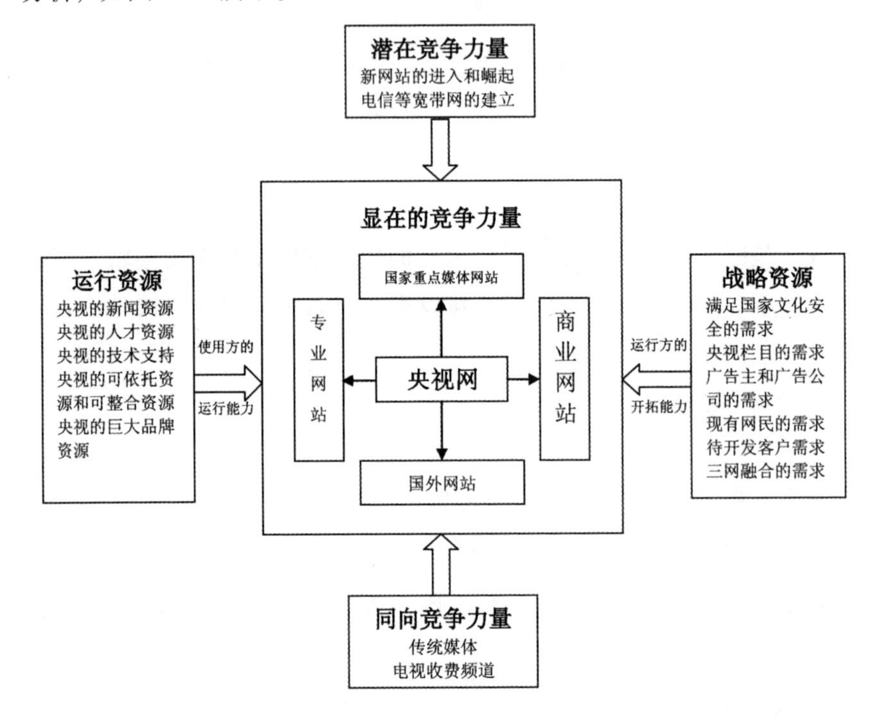

图 1－6　竞争环境的五种力量模型

（1）运行资源分析。

资源是网站运行的基础。央视国际拥有其他网站无法比拟的独有资源，主要表现在以下 4 个方面。

①内容资源。

2003 年，中央电视台拥有丰富的新闻信息资源、大量的原创素材及音、视频节目资源，拥有 13 个电视频道的视频资源，少儿频道也即将开播。可以说，中央电视台是中国最有实力的 CP（内容提供商），央视国际网站也应当是中国最有实力的 ICP（互联网内容提供商）。

②人才资源。

中央电视台拥有一流的新闻采编队伍、主持人和国内著名的制作人队伍。这些强大的人力资源优势为央视国际的发展奠定了坚实的基础，也是其他网站望尘莫及的。另外，央视国际也拥有强有力的人才阵容和高端的人力资源。

③客户资源。

客户资源是媒体网站的战略资源，也是营销战略设计的基础和前提。2003 年，央视国际已形成了一个多层次、多元化的客户资源群体，在这一方面同样具有其他网站无法比拟的优势。例如，中央电视台每年有 600 多家广告代理公司和 2000 ~ 3000 家广告主及固定的收视群。这些用户群中，中央电视台的广告代理公司和广告主几乎都是央视国际网站的稳定用户，它们经常上网浏览和查找相关信息。央视国际也开发了自己的客户资源。

④品牌资源。

2003 年，央视国际已设置了新闻、经济、科技、教育、体育、综艺、环球、生活、军事、文化、西部、国家地理、广告、视听在线、电影、电视剧、音乐、英语等 30 个专业频道、190 个电视栏目，提供了《网评天下》《〈经济半小时〉互动区》《科技网谈》《足球之夜》等近 50 个网上论坛。此外，还创建了一些具有广泛影响力和自身特色的名牌栏目，其中《在线主持》《电视晚会》《电视批判》《大型活动》等栏目正以其日益增强的吸引力培养着一批稳定的客户群体。这些栏目注册网友总数达到了 800 万人，并正在以每日 2 万人的速度增长。

在国内媒体网站中，凭借中央电视台的品牌优势，央视国际拥有较好的大众认知度、较高的影响力和号召力。特别是央视大量新闻的转入，增强了央视国际的公信力。此外，央视国际开发、推出的《电视批判》《第一时间》等栏目扩大了网络的品牌效应。这些栏目所产生的品牌效应已经成为央视国际一笔重要的无形资产。

（2）战略资源分析。

战略资源是网站可持续发展的一种可扩展性资源，是现代营销中可开发的“潜在”和“显在”的市场资源。对战略资源的争夺是网站争夺的重点，因此，我们必须对战略资源有一个清醒的认识和准确的把握。

①上网用户的迅速增长带来了巨大的市场潜力。

根据 CNNIC 统计报告显示：截至 2003 年 6 月 30 日，我国的上网用户总数为 6800 万人，与 2002 年同期相比增长 48. 5%，是 1997 年 10 月第一次调查时的 109. 7 倍。历次调查不同方式上网用户人数情况如图1 -7 所示。

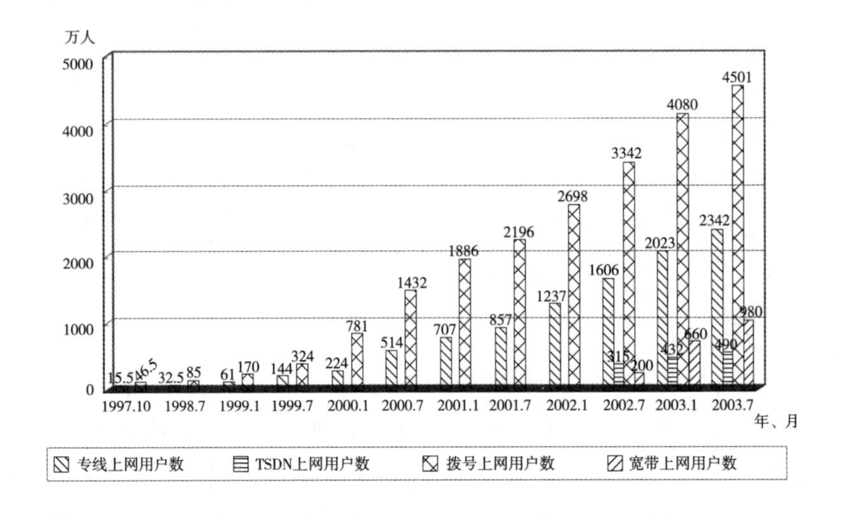

图 1 -7 历次调查不同方式上网用户人数

资料来源：CNNIC。

其中，专线上网人数与 2002 年同期相比增长 45. 8%，是 1997 年 10 月第一次调查结果的 151. 1 倍；拨号上网用户数与 2002 年同期相比增长 34. 7%，是第一次调查结果的 96. 8 倍；TSDN 上网用户人数为 490 万人，与 2002 年同期相比增长 55. 6%；宽带上网用户人数为 980 万人，与 2002

年年同期相比增长390%。

②宽带市场转化出现新的商机。

2003年，宽带市场由“潜在”市场到“显在”市场的转变让众多的网络媒体看到了巨大的商机。从全球范围来看，《麦肯锡宽频研究报告》(2003/4)显示：至2002年第二季度，宽频网络已覆盖3.19亿户家庭。其分布情况如图1-8所示。

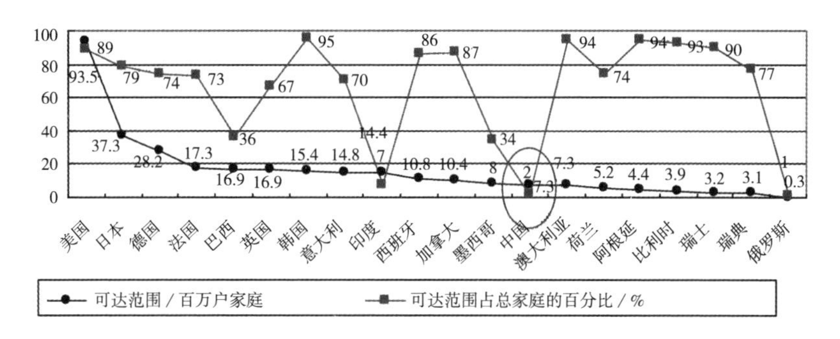

图1-8　全球宽频触角（圈中为我国的情况）

2003年，全世界有1亿以上的人口使用宽带资源。家庭用宽带线路已广泛分布于美洲、亚洲和欧洲，其中加拿大、德国、日本、韩国和美国就占84%。宽带在特定市场已成为以技术为导向、成长最快的信息消费服务项目之一，如图1-9所示。

宽带在韩国市场的渗透率最高，一半以上的家庭都是宽带用户；比利时、加拿大、荷兰、瑞典和美国等地的渗透率则为10%~25%不等，如图1-10所示。

2003年，我国家庭的宽带渗透率尽管仅为0.3%，但市场发展迅速、潜力巨大，特别是还有大量的宽带存量资源急待开发和释放。宽带已成为各大厂商逐鹿的焦点。在这方面，丰富的视频资源使央视国际具有得天独厚的优势。

③三网融合后出现了多种整合需求。

三网融合并不是新概念，但其融合的背后潜藏着巨大的经济前景。

随着因特网在全球范围内的迅猛发展，世界上越来越多的电信公司开始通过各种方式发展数据业务，加速通信技术与计算机技术的融合。

北电购并 Bay Networks，朗讯购并 Ascend，阿尔卡特购并 xylan 就证实了这一点。

2003 年，我国三网融合的技术基础已逐渐成熟，在通信管制政策逐渐放松的推动下，三网融合的步伐进一步加快，但随后面临的根本问题是内容建设。央视国际具有独特、充足的内容资源，必将成为新一轮竞争中商家竞相争夺的合作伙伴。

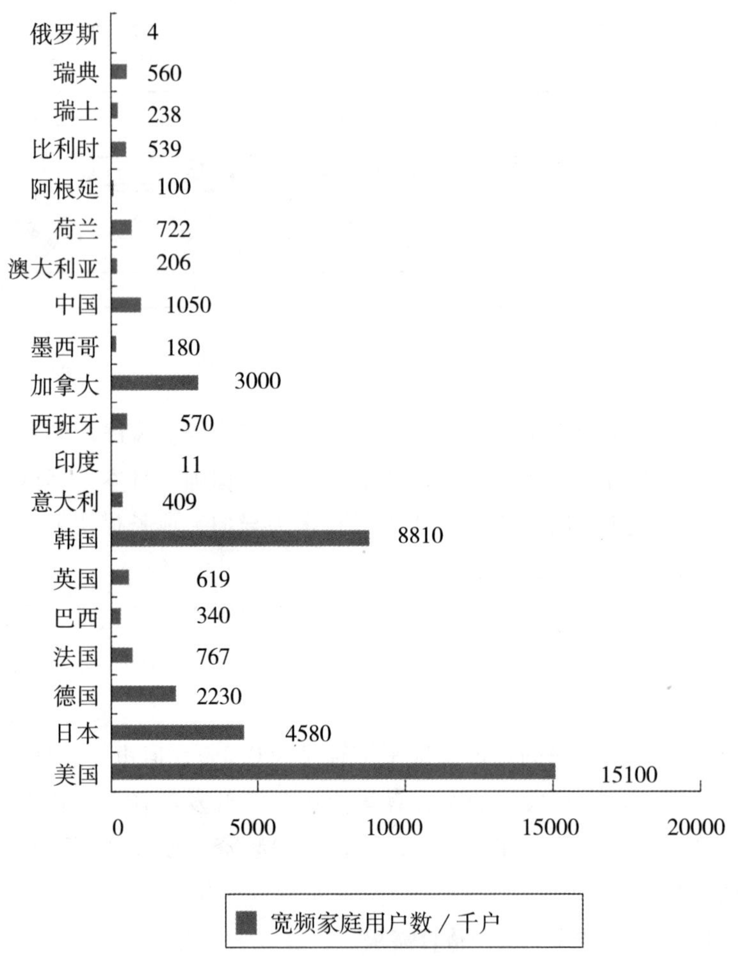

图 1-9　宽频家庭用户分布

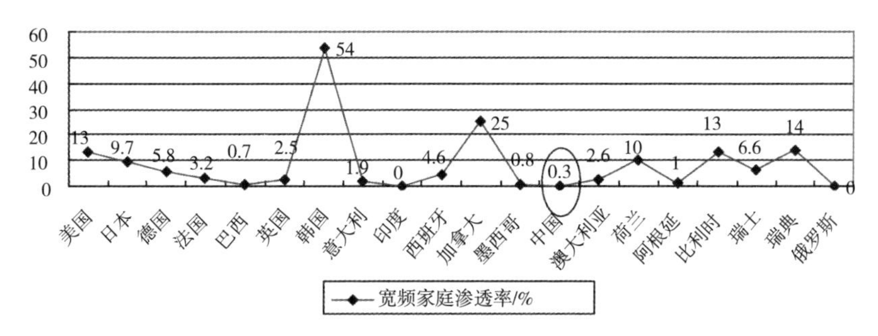

图 1－10 宽频家庭渗透率（圈中为我国的情况）

尽管央视国际具有雄厚的资源优势，但是基础资源不会，也不能自动转化为竞争优势，央视国际必须依托和利用现有的基础和背景资源，继续开拓和扩大客户群体，以便形成自己的核心竞争力。

（3）央视国际面对的竞争对手分析。

尽管央视国际具有丰富的资源和诸多优势，但是央视国际面临的竞争态势依然十分严峻。主要表现在以下 3 点。

①国外网站进军中国，开始示范产业化运作。

21 世纪之初，国内的网络媒体普遍认为：国外的商业网站不会大举进军中国，它们只是一种潜在的竞争力量。但是，实际情况并不容盲目乐观。

2002 年 10 月，英国曼彻斯特联队（以下简称曼联）在中国正式推出了该足球俱乐部的中国官方网站，成为率先进入中国的英超足球俱乐部网站。

早在 2002 年 5 月 20 日，曼联就在北京宣布与亚洲著名的国际门户网站运营者来科思亚洲达成战略合作伙伴关系，共同建设曼联在中国的官方网站。曼联以网站的方式率先与中国球迷直接接触就抢占了先机。2003 年，就有近 3 万名用户通过注册成为该网站的会员，获得了曼联全球唯一的球迷编号。

作为全球最受欢迎的足球俱乐部之一，曼联早就成为世界足球产业中财力最雄厚、盈利最丰厚的俱乐部之一。2002 年，曼联的营业额达到 1.3 亿英镑，利润额达到 2200 万英镑。曼联取得如此辉煌的成绩，根本原因在于，它们采用了先进的商业营销模式和灵活的经营策略，实行全方位的创收。通过曼联的中国网站，球迷们不仅可以给自己崇拜的球星发送信件、零距离接触世界足坛著名高手，还可通过在线竞拍、在线购买等方式购买曼联的标志产品。

②显在的竞争力量势头强劲。

2003 年，新浪调查数据表明，中国网络新闻媒体 5959 家，其中较有影响的不足 50 家。这 50 家大致可分为以下三种类型。

第一种类型：已进入成长期的有国际资本介入的商业媒体网站。

第二种类型：和央视国际同类型的主流媒体网站。

第三种类型：快速崛起的新建媒体网站。

其中，三大门户网站占据了市场先机。三大门户网站 2003 年第二季度财务报表显示：网易第二季度收入总额达 1650 万美元，其中广告收入达 250 万美元，电子商务及其他服务收入达 1390 万美元，营业利润达 940 万美元，净利润达 920 万美元；新浪第二季度收入总额达到 2599 万美元，其中广告收入 950 万美元，非广告收入 1649 万美元，占收入总额的 63%；搜狐的多元化经营使其广告收入下调至 45%，短信、商城、游戏、搜狐在线及针对企业的“. net”服务增势迅猛。三大门户网站，不仅全部盈利，而且手握重金和资本的“大棒”意欲进行新的购并和整合，以实现自己可持续发展的经营模式。

同时，其他媒体网站发展迅猛。以新华网为例，经过短期的建设，新华网就以更快的时效、更广的视角、更权威的报道和更广泛的创收模式异军突起。2003 年，新华网已相继推出中文简体和繁体、英文、法文、西班牙文、日文、俄文、阿拉伯文 8 个实时更新的网络版，最高日点击率超过 1000 万人次，成为国内最大的新闻信息网站之一。新华网发展之初的目标是“用 3 年左右的时间，把新华网建设成为多语种、多媒体、多功能的，与国家通讯社和世界性通讯社地位相适应的网上新闻信息中心”。为此，新华网自 2002 年开始启动了地方网站建设工程，到 2003 年 4 月已经全面建成了 31 个省级网站。为了建成“新闻信息超市”，新华网将新华社下属的《新华每日电讯》《经济参考报》《中国证券报》《上海证券报》《半月谈》等 10 余种报刊制成网络版上网发布。同时，它们还十分注重信息内容的深度开发。除一般性消息报道外，特别注意对国内外的热点、焦点、难点问题进行全方位、多角度、深层次的报道。《新华网坛》等一批名牌栏目已经建立起来。特别是在网站盈利模式的探索上，新华网做了大量的工作。在网络广告、域名注册/解析、网站内容检索、电子邮箱等方面已经获得了一定的经济效益。2003 年年末，新华网又在搜索引擎应用上迈出了可喜的一步。它们通过中国搜索联盟，与新浪网等全国近 200 家信息港结成紧密的战略性合作关系，建成了国内大型“搜索引擎服务平台”，拥有方便的用户搜索入口和庞大的搜索流量。

这些网站已经在经营上走在了央视国际的前面，并且获得了一定的营业收入。其中，中国日报网 2002 年的营业收入为 800 万元；中国网的经营基础始于 2002 年，2003 年开始运作，年收入即达到了几百万；东方网 2002 年的年收入将近 4000 万元。

③新网站的快速进入和迅速崛起。

首先，中国经济网等网站建立伊始就显示出强劲的竞争实力。2003 年 7 月 28 日中国经济网开通。该网一成立就宣布：是国家重点新闻网站之一，致力于成为中国规模最大、功能最全的经济类综合门户网站和中国最权威的经济在线数据中心，并且确定了明确的“网站攻略”。

其次，红网奋斗两年开始赢利。尽管当时理论界尚在探讨网络新闻媒体的盈利之路。但是，实践已经先行于理论。红网通过两年多的奋斗，自 2003 年 5 月已经开始赢利。该网自成立以来就实行董事会领导下的总经理负责制管理模式，恪守“策划是灵魂、创新是生命、竞争是动力、团结是保障”的网训，以“新闻立网”为宗旨，坚持正确的舆论导向，立足湖南，面向世界。全面实施“抓新闻，求立足；抓短信，求发展；抓互动，求影响；抓技术，求保障；抓管理，求效益”的战略和“借助外力，形成合力，增强战斗力”的策略。以自己的成功实践证明：网络媒体在坚持正确的舆论导向，认真履行社会责任的前提下，完全可以实现经济效益的快速提升。据统计，红网自开办以来至 2003 年，就共为群众排忧解难近千件（大部分在“百姓呼声”栏目有文字记录），向全省 14 个市州 110 多个县的各级职能部门和单位转交投诉求助信息 1400 多件，与联动媒体形成了互助互动的良性循环。仅这一点，红网就获得了网上和网下庞大的读者群。“百姓呼声”栏目被评为“名牌栏目”。红网整合媒体资源，开办“百姓呼声”栏目，建设短信阵地等经验和做法引起了中共中央宣传部的关注。该网还特别注重自身技术力量的挖掘和开发，结合短信息发送技术，自编了“网站运行线路实时监控报警”程序，使发生故障的主机在60秒钟内就能将情况远程报告到网站管理员的手机上，为稳定网站运行提供了可靠的保障。2002年6月，在兄弟网站的支持下，红网又开通了北美镜像站点，为海外网民登录红网提供了便利。红网还研发了《红网新闻发布系统》，通过测试和实际投用，其稳定性、上传速度优于国内同类产品，极大地丰富了红网的产品结构。

上述竞争环境模型分析表明：媒体网站不仅面临着国际、国内同行之间的激烈竞争，而且面临着与传统媒体的竞争。为此，央视国际一定要认清形势，并在此基础上重新审视和研究网站的发展战略和策略，这样才能在激烈的市场竞争中找准位置，明确方向，提升网站的战略进击能力和盈利创收能力。

2. 排名分析

网站的排名分析从一个侧面提供了网络媒体竞争态势的情况。Alexa网站提供的排名最全、最细。Alexa的世界网站排名主要分为以下两种。

（1）综合排名。

其也叫绝对排名，即特定的一个网站在所有350多亿网站中的名次。

Alexa每三个月公布一次最新网站综合排名，排名依据为三个月累积的几何平均值。在Alexa 2003年第三季度的世界网站排名中，雅虎高居榜首，随后依次为MSN、daum、naver和搜索引擎Google，全球著名的电子商务零售平台亚马逊综合排名位居14，央视网的综合排名为1238位。

（2）分类排名。

Alexa的分类排名分为以下两类。

一是按主题分类。Alexa将其收集到的网站共分为16个大类，每一类又分为多个主题。Alexa能给出某个特定网站在同一类网站中的名次。

二是按语言分类。Alexa提供了21种不同语言网站的分类排名，并能给出特定站点在所有此类语言网站中的名次。对于中文网站的排名只发布排在前100名的网站名单。

央视国际在综合排名中居于第1238位，同期，在分类排名中居中文新闻网站第12位。

（二）“他山之石”与央视国际的发展

2003年，央视国际的战略目标为建一流网站，创国际品牌，确定了“四新和三步走”的发展战略。“四新”战略即要使央视国际成为央视网上传播的新阵地（社会效益）；央视名牌栏目推荐的新通道（社会效益）；国内外优秀影视节目和广告购销的新平台（经济效益）；央视新的经济增长点（经济效益）。“三步走”战略，一是服务、整合。为国家服务，为母体央视服务；整合央视的资源，进行科学分类，在网上播出。二是发展、创新。发展网络媒体事业，创建新媒体。三是全球化传播。开办央视网英语频道，随着央视国际化传播的进展，适时开办法语、西班牙语频道，逐步实施全球化传播。

面对网络媒体快速发展的情形和文化产业化迅速推进的进程，网站如何发展，有必要借助“他山之石”，进行理性的研究和冷静的思索。

1. 对新技术的敏感和重要商机的把握

网络营销的发展是以新技术为支撑的。网络营销发展战略的思考和设计，必须具有对新技术的敏感，必须善于把握重要商机。

短信市场的发展历程清楚地说明了这一点：

2000年11月，中国移动推出移动梦网，自此短信市场开始崛起。

2001年，中国移动发送短信159亿条，联通发送短信30亿条。

2002年，此数字翻了5倍。中国移动发送短信800亿条，联通发送短信160亿条。如果以每条短信收入0.1～0.15元计算，960亿条短信的收入就超过100亿元。

在巨大商机的诱惑下，国内短信市场发展迅速。截至2002年年底，与中国移动签约合作的已有400多家信息服务提供商。2002年各种短信息服务的业务量比2001年同期几乎增长了10倍，这其中已成规模的信息服务提供商约有15家，其中8家的月收入已达到700万～1000万元。

这些短信业务信息服务商大致分为以下三类：

第一类：四大商业媒体网站，即新浪、搜狐、网易、TOM。它们的特点是内容丰富，形式灵活多样，技术含量高，短信效益高。短信业务已经成为新的盈利支撑点。

第二类：以新华网为代表的主流媒体网站，包括新华网、首都在线、上海热线、千龙新闻网和中华网、雅虎中文。上述网站尽管短信业务规模不及四大商业门户网站，但是它们依托丰富的网络资源及较为稳定的用户群，不仅抢占了短信市场的先机，而且短信业务也成为这些媒体网站的重要创收点。

第三类：以中国日报和腾讯公司为代表的特色网站。它们的主要特点是借助自身优势，采用与其他网站不同的市场切入点，获得无竞争对手的短信市场份额。中国日报网站主打英文短信市场，深圳腾讯公司则凭借自身在即时通信领域的优势地位开发出移动 QQ（一种网络即时通信软件），经济效益也不断增加。

在短信业务和短信市场的开拓上，央视国际具有丰富的资源和独到的优势。2003 年，中央电视台春节联欢晚会收到短信息 1300 万条，显示出巨大的市场前景和开发潜力。同期，北京地区网站定制短信息的人群约有 5600 多万人，每天发送信息 2020 万条，每天接受新闻短信息的人群大约有 140 万 ~ 160 万人，最高达 173 万人。短信已经成为人们获取信息的重要渠道和主要的沟通、交往手段。

2. 对网络经济理论的深刻研究和超前动作

网络营销战略需要理性思考和超前研究。在实践中，网站商业模式的设计、栏目创收点的策划及网站特色的发挥也都以理性思考为基础和前提。正是由于看到了这一点，2003 年上半年，综合性媒体网站纷纷开通了“传媒频道”。例如，搜狐和新浪分别开通了搜狐传媒频道、新浪传媒观察频道；人民网、新华网、中国经济网、千龙网也对原有传媒频道进行了改版。

实践证明，网络经济理论的超前研究和创新研究是媒体网站创收的先导。也正是由于看到了这一点，搜狐利用传媒频道的“传媒沙龙”聚集社会力量，邀请业内人士、媒体投资商、专家学者等每月活动一次，纵论行业发展与前景，评点热门话题。以电视剧的网上播放来分析，搜狐策划和设计了“极度热映，电视剧全收录”专栏。在该专栏中，它们把电视热播的电视剧全部收录下来，在网上图文并茂地进行展示和播放，这种做法不仅受到了网民的欢迎，而且取得了非常好的商业效果。它们这种做法称为“利用电视的资源铺路，踩着电视的脚步创收”。

同期，新华网在媒体网站的盈利模式上进行了多方探索。它们引用网络群原理，进行了多方资源的整合，推出了新华短信、新华搜索、“新华网群”。“新华网群”涵盖了政府在线、企业在线、开发区在线、学校在线、地方在线等内容，其目的是形成一个连接中央和地方，开发区和学校的广阔的网络平台，便于网民进行跳转登录。新华网的财经频道也推出了有力的改革举措，不仅继续登载了含金量高的财经信息，还和海尔、中旅、彩虹等近40家大型企业集团建立了热链接，为建立为大型企业集团服务的定制信息服务奠定了基础。

新华网实行的是隐性进攻战略，而千龙新闻网实行的则是抢占快车道战略。千龙新闻网看到了理论创新研究的重要性，立即成立了研究院，并且迅速开通了网络经济的专门研究网站——中国网络媒体，以便抢占理论研究的制高点；2003年7月9日，千龙研究院又正式发布了《2003年第二季度中国网络媒体报告》，通过专业性报告对我国网络媒体行业一个时期的状况进行全景式反映。紧接着，千龙网又开始对网络媒体的流量进行跟踪和调查，在网络媒体研究领域不断推出新的研究成果。

3. 对客户资源的战略性开发

网站要有商机，必须先有人气，人气就是客户资源。在竞争激烈的市场下，客户资源已经成为一种最宝贵的战略资源。无论是商业媒体网站还是新闻媒体网站，都应把开发客户资源提升到战略高度来认识。

起初，美国在线（AOL）投入100亿美元，奋斗10年，获得的最大财富就是拥有了1700万客户。正是凭借这些客户资源，AOL才得以顺利吞并无论在资产还是盈利规模上都远胜于自己、具有近百年历史的美国时代华纳。尽管进入21世纪后，AOL—时代华纳陷入经营上出现巨额亏损、公司股票大幅度缩水等困境，以至于从美国时间2003年10月16日起，“AOL—时代华纳”正式更名为“时代华纳”，原来名称中的AOL被彻底去掉，但这是由于美国在线与时代华纳之间经营理念、文化冲突、管理风格、资本运作等诸方面的原因所导致的。

央视国际具有中央电视台的品牌效应，这为其建立庞大的网上客户资源奠定了较好的基础。但是，由于网络的消费层次不同，主体结构不同，浏览特点不同，需求内容不同，决定了中央电视台既有的客户资源不会完全成为央视国际的转移资源。因此，央视国际需要以打造精品栏目、优质服务和特色节目，花大力气培育和建立自己的网上客户群。

在这方面，商业网站和其他主流媒体网站有以下三点共同做法值得借鉴。

（1）建立“以客户为中心”的营销机制。

由于竞争加大了赢得新客户的难度和开发客户资源的成本，不少网站提出了从“满足顾客需求”到“让顾客满意”的核心理念，并以此作为网站运营和管理的出发点和落脚点，这说明一种新型的管理理念和管理思想在媒体网站运营中已经开始确立。

（2）抓住能够扩展客户的战略资源。

以新浪的新闻为例，与新华网，人民网、央视国际相比新浪并不占有资源优势，但是新浪发挥了后天优势，对其他媒体进行整合，在新闻频道设立了国内新闻、时政要闻、各地新闻、国际新闻、军事新闻、背景分析、综述评论，还有焦点、热点专题及特别推荐、媒体聚焦、最新消息和传媒论坛等15个栏目。仅媒体聚焦这一栏目，新浪就借鉴了国内的《青年参考》《环球杂志》《新民周刊》《外滩画报》《南方周末》《经理人》《南京周末》《财经杂志》《经济杂志》《南风窗》《新营销》《21世纪经济导报》《环球时报》《观察与思考》《法律与生活》《中国新闻周刊》《世界新闻报》《国际先驱导报》等近20种报刊的最新视点，这种资源的广视化和多元化是新浪能够满足网民多元需求的重要原因。

相比较而言，新浪网的新闻集中于新闻频道，提供给网民的是新闻“一站式”服务，便于用户浏览。而2003年，央视国际的新闻栏目遍及网站各处，诸如央视国际的新闻频道、新闻联播、新闻调查、新闻专题、新闻直播、央视新闻网播、绝对新闻现场等，这种分散的状态影响了新闻资源与传播力的整合，限制了新闻资源的深度开发与利用，不利于抓住客户。

（3）借助网站吸引力建立稳定的客户群。

①开发网站的控制性吸引力。

搜狐携手美国迪士尼进军中国彩信市场，就是一个开发网站的控制性吸引力的典型案例。搜狐公司与迪士尼公司建立全方位合作关系后，搜狐率先成为迪士尼在中国的互联网领域合作伙伴，取得了迪士尼主题的短信、彩信业务的独家下载权。米老鼠、唐老鸭等迪士尼家族卡通人物将借助搜狐的网络平台走入中国彩信市场。搜狐取得其独家下载权后，将推出迪士尼卡通短信黑白图片近400款，彩信动画及图片近300组，约4500张，支持包括诺基亚、摩托罗拉、西门子、三星在内的13个品牌的手机下载。

搜狐取得迪士尼卡通形象在中国内地独家下载权的同时，迪士尼所拥有的其他娱乐品牌，如试金石影业、好莱坞制片公司、娱乐与体育网（ESPN）、美国广播公司（ABC）等的影讯信息，都与搜狐网站内容有机结合。因此，具有巨大市场诱惑力的米老鼠、唐老鸭等视讯资源就成为搜狐网站的资源，相应的客户资源也就成为搜狐的稳定资源，这显然是一项具有战略意义的举措。

②显示网站资源的存量吸引力。

存量资源是一个网站重要的战略资源。中央电视台拥有丰富的视频资源，这些资源可以满足各种不同的社会需求，具有巨大的社会吸引力。

然而遗憾的是，对于这些资源的开发和利用，大量商业网站走在了央视国际的前面。例如，新浪建立的“热播电视剧”专栏，剧目有296部。

③创建贴近群众的“亲情”吸引力。

前文已经说过，红网的《百姓呼声》栏目自开办以来，积极为群众排忧解难，迅速成为深受群众喜爱的名牌栏目。在不到两年的时间里，红网共为群众解忧排难近千件，向全省14个市州、110多个县的各级职能部门与单位转交百姓的投诉求助信息1400多条。

案例8 央视国际网络覆盖分析

中国互联网用户普遍反映，使用电信接入服务的网民访问网通服务器上的网站，比访问国外网站还要慢，反之亦然。电信占领了中国南方的大多数互联网用户市场，而网通占领了中国北方的大多数互联网用户市场，互联网上的南北分制，严重阻碍了中国互联网的发展。

我国有电信、网通、移动、联通、铁通五大基础运营商，有宽带中国、中国卫星集团互联网、中国国际经济贸易互联网、中国移动互联网、中国联通互联网、中国长城互联网、中国公用计算机互联网、中国教育和科研计算机网及中国科技网九大骨干网运营商，运营商之间非对等的互联互通、通而不畅，导致不同网络的用户不能得到公平与平等的服务，也让央视国际的市场价值被低估。为了制订可行的网络接入策略，我们从以下八个方面做出分析。

一、网民区域分布

2007年1月，CNNIC发布的《中国互联网络发展状况统计报告》公布了各省、市网民的数据，本节对原始数据进行了加工，如表1-1所示。

表1-1 网民区域分布数据

CNNIC原始数据				加工后的数据
地区	网民数/万人	占全国网民比例/%	占本省人口比例/%	网民发展指数
广东省	1831	13.40	19.90	187.07
山东省	1126	8.20	12.20	114.12
江苏省	1027	7.50	13.70	128.52
浙江省	977	7.10	19.90	185.76

续表

CNNIC 原始数据				加工后的数据
地区	网民数/万人	占全国网民比例/%	占本省人口比例/%	网民发展指数
四川省	690	5.00	8.40	78.19
河北省	631	4.60	9.20	86.15
湖北省	532	3.90	9.30	87.57
河南省	517	3.80	5.50	51.93
福建省	516	3.70	14.60	134.48
上海市	510	3.70	28.70	267.46
辽宁省	483	3.50	11.40	106.11
北京市	468	3.40	30.40	283.69
湖南省	408	3.00	6.40	60.45
陕西省	395	2.90	10.60	99.97
山西省	380	2.80	11.30	106.95
广西壮族自治区	374	2.70	8.00	74.19
黑龙江省	366	2.70	9.60	90.97
安徽省	337	2.50	5.50	52.41
江西省	285	2.10	6.60	62.47
云南省	275	2.00	6.20	57.92
吉林省	271	2.00	10.00	94.80
天津市	260	1.90	24.90	233.74
重庆市	220	1.60	7.90	73.80
内蒙古自治区	160	1.20	6.70	64.55
新疆维吾尔自治区	155	1.10	7.70	70.19
甘肃省	152	1.10	5.90	54.85
贵州省	142	1.00	3.80	34.37
海南省	117	0.90	14.10	139.32

续表

CNNIC 原始数据				加工后的数据
地区	网民数/万人	占全国网民比例/%	占本省人口比例/%	网民发展指数
宁夏回族自治区	42	0.30	7.00	64.23
青海省	37	0.30	6.80	70.82
西藏自治区	16	0.10	5.80	46.56

说明：

（1）网民发展指数=（本地区网民占全国网民的比例/本地区人口占全国人口的比例）×100。

（2）各地区人口=各地区网民数/占本地区人口比例。

（3）数据的计算全来自上表的原始数据，未计算港、澳、台数据。

网民区域分布数据如图 1－11 所示，网民区域发展指数如图 1－12 所示。

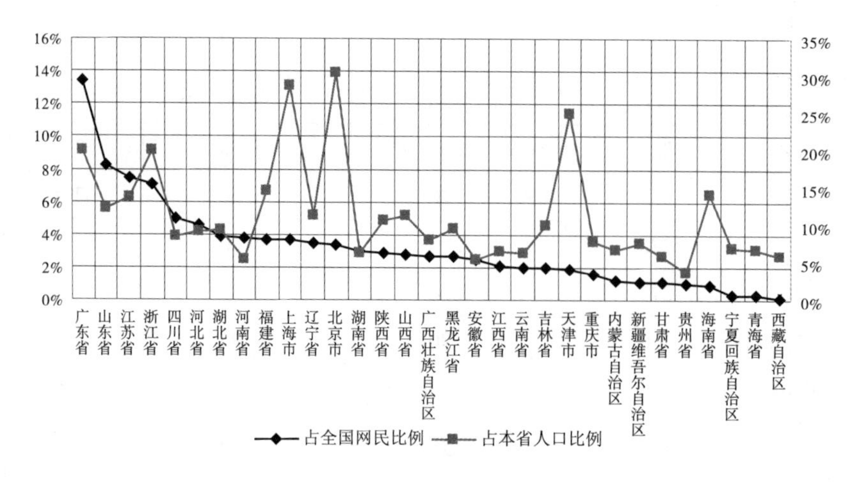

图 1－11　网民区域对比

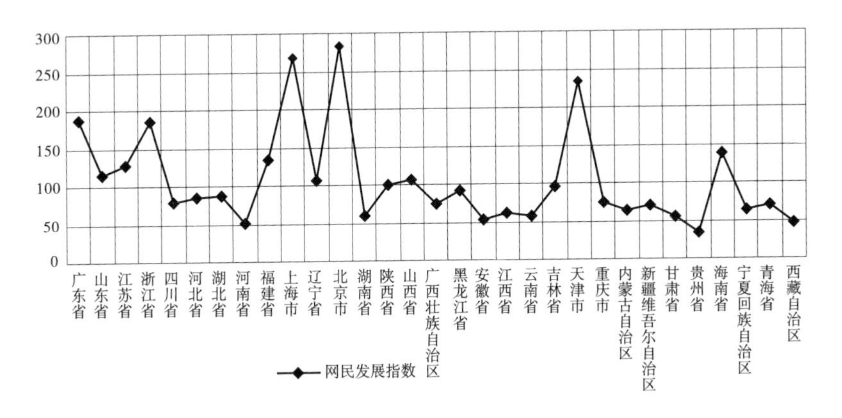

图 1－12　网民区域发展指数对比

从以上图表可以看出：

网民数量最多的为广东省、山东省、江苏省、浙江省、四川省、河北省、湖北省、河南省、福建省、上海市，辽宁省、北京市紧随其后。

网民数占据本省人口比例高的为北京市、上海市、天津市、广东省、浙江省、福建省、海南省、江苏省、山东省、辽宁省，山西省、陕西省和吉林省紧随其后。

网民发展指数高的为北京市、上海市、天津市、广东省、浙江省、海南省、福建省、江苏省、山东省、山西省，辽宁省、陕西省和吉林省也在平均水平左右。该指标衡量下的地区排名与网民占据本地区人口的比例衡量的差异不大。

因此，从网民区域分布的角度来看，应采用综合衡量指标：网民发展指数。依次选择的区域为北京市、上海市、天津市、广东省、浙江省、海南省、福建省、江苏省、山东省、山西省、辽宁省、陕西省和吉林省。

二、互联网接入市场分析

（一）互联网接入用户情况

我国互联网接入用户情况如表 1－2 所示。

表 1－2 我国互联网接入用户情况

时间	拨号用户/万	专线用户/户	宽带接入用户/万	其中 xDSL/万
2004. 3	5452	65000	1399. 5	—
2004. 6	5340. 2	68000	1773. 1	—
2004. 9	5224. 9	80000	2060. 5	—
2004. 12	4777. 9	83000	2385. 1	—
2005. 3	4505	67288	2833. 1	1949. 7
2005. 6	4032	68276	3165. 1	2186. 6
2005. 9	3836. 7	67371	3501	2465. 1
2005. 12	3566	68618	3750. 4	2635. 9
2006. 3	3389. 5	66104	4119. 6	2935. 8
2006. 6	3080. 2	71857	4506. 1	3203. 2
2006. 9	2865. 7	62988	4857. 6	3493. 2
2006. 12	2642	62136	5189. 9	3712
2007. 3	2280. 1	72648	5626	4122

资料来源：信息产业部通信行业统计月报。

从表 1－2 中可以得知：

2004—2006 年，我国宽带接入市场整体上处于快速成长期。

2005 年年底，宽带接入用户首次超过了窄带用户，此后，宽带接入用户规模迅速扩大，到 2007 年 3 月累计用户数超过 5600 万，是全球第二大宽带市场。

互联网用户进一步向宽带接入方式转化，宽带接入用户的稳定增长使其在互联网用户中的比例不断提高，至 2006 年 12 月底，这一比例已经达到 66. 2%。

另来自 2007 年 5 月 17 日举行的“世界电信与信息社会日”纪念活动的消息：截至 2007 年第一季度，我国互联网上网人数达到 1. 44 亿，其中宽带上网用户 9700 万户。

宽带上网成了我国网民上网的主要方式，宽带业务也必是网站业务开拓的重点。

（二）宽带用户区域市场分析

1. 宽带用户地区分布

宽带用户的区域分布如图 1－13 和图 1－14 所示。

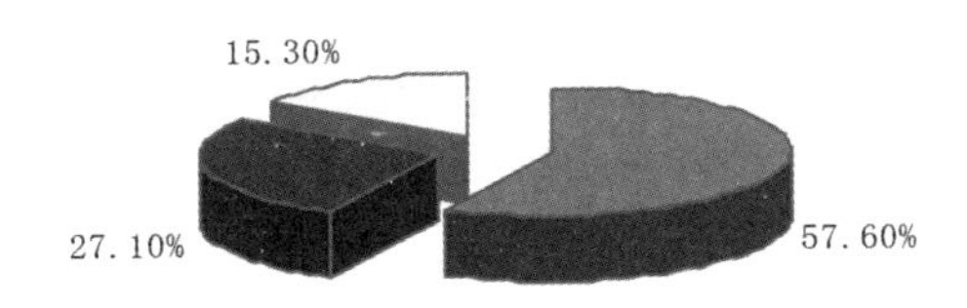

图 1－13　2004 年 12 月东中西部宽带用户市场份额

数据来源：信息产业部电信研究院通信信息研究所。

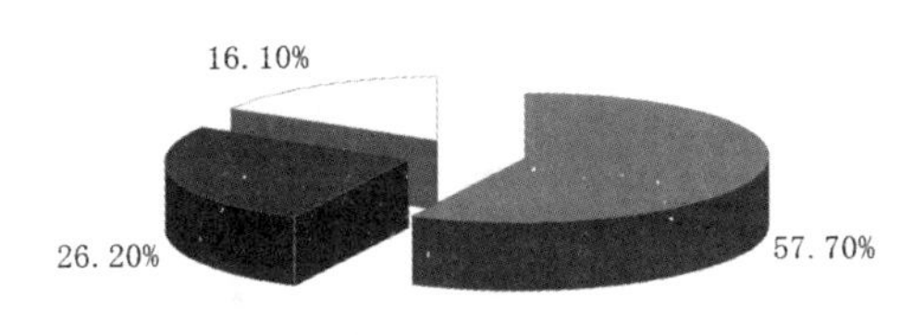

图 1－14　2005 年 12 月东中西部宽带用户市场份额

数据来源：信息产业部电信研究院通信信息研究所。

说明：

（1）东部：北京市、天津市、辽宁省、上海市、江苏省、浙江省、福建省、山东省、广东省、海南省。

（2）中部：河北省、山西省、吉林省、黑龙江省、安徽省、江西省、河南省、湖北省、湖南省。

（3）西部：内蒙古自治区、广西壮族自治区、重庆市、四川省、贵州省、云南省、西藏自治区、陕西省、甘肃省、青海省、宁夏回族自治区、新疆维吾尔自治区。

从图 1－13 和图 1－14 可以看出，受到经济发展水平的影响，宽带业务在我国的发展存在明显的区域不平衡，东部地区由于经济比较发达，人口密集，宽带用户市场份额远高于中、西部地区。

东、中、西部宽带用户市场份额年度差异不大，也就是说，这几年的发展不会改变整体格局。

2. 宽带用户省市分布

截至2005年9月底，宽带用户最多的是广东省，达到391万户；第二是浙江省，拥有宽带用户297万户；第三是江苏省，拥有250万户。宽带用户前十位的省市（见图1－15）中有8个省市均位于东部地区，中部地区和西部地区各有一个，由于宽带用户总数在很大程度上取决于存量用户及各地区的宽带用户市场开发战略。因此，经过几年的发展，宽带接入用户数排名前十位的省市基本不会有太大的变化。

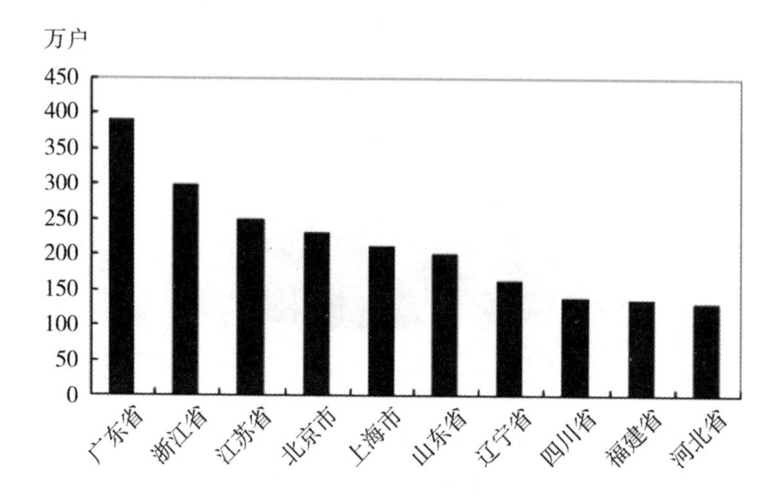

图1－15　宽带用户最多的10个省市

数据来源：信息产业部电信研究院通信信息研究所。

3. 宽带普及率

宽带普及率是反映宽带用户在该地区人口中比例的指标。截至2005年第三季度，普及率较高的省市除山西省外，均位于东部地区，其中北京市普及率最高，其次为上海市、天津市和浙江省。

4. 宽带用户增长率

宽带用户增长率较快的省市主要分布在中、西部地区，其中河南省最快，青海省和甘肃省的增长列第二、三位。东部地区由于宽带业务发展相对超前于中、西部，因此随着用户数和普及率的提高，用户增长率已经开始趋于缓和。

5. 宽带用户渗透率

宽带用户在互联网用户中的比例逐年提高，截至 2005 年第三季度，全国所有省市的这一比例均超过了 20%。其中，贵州省、湖北省、山东省、浙江省、北京市、山西省、青海省、上海市、江苏省九省市有半数以上的互联网用户为宽带用户。

宽带用户在互联网用户中的比例的地区分布呈现多元化态势，东、中、西部地区均有部分省市拥有较高的比例。

东部地区的省市拥有较高的比例是因为这些地区经济基础好，宽带业务发展迅速，并且用户有经济实力将互联网接入方式由拨号更换为宽带接入。

西部地区一些省市也拥有较高的比例，是由于这些地区早先受到经济因素的制约，窄带接入业务发展有限，随着宽带业务的推广，很多用户直接采用宽带接入方式，因而宽带用户在互联网用户中的比例也较高。

三、网络广告地区分布

艾瑞市场咨询研究成果显示，2006 全国广告经营额前十位地区广告经营额总和达 1262.7 亿元，占全国广告经营总额的 80%。数据显示，全国主要城市的网络广告占整体广告市场的比重排名北京位居首位，2006 年比重为 5.79%，远高于 2006 年全国整体网络广告比重的 2.3%。另外，福建省的网络广告市场比重也高于整体网络广告比重，2006 年达 3.26%；其次是上海市、天津市、广东省等省市。

随着互联网的发展，网络广告如雨后春笋般发展得生机勃勃。网络广告的初期，大部分商家不愿意选择网络广告这种形式，现在，大部分商家选择投放网络广告。他们看重的已不仅仅是互联网的传播能力、传播速度以及传播范围，而且看重网络广告的表现形式多种多样，更可以实现相对精准投放，网络广告受众良好的互动性和传播力，以及可以建立比较全面的广告数据库、营销数据库，这些对广告主都很有诱惑力。

目前，网络广告是央视国际的主要盈利点，是实现央视国际可持续发展的最主要动力来源。因此，央视国际网络覆盖策略很大程度上需要考虑网络广告的区域表现。

从网络广告市场的表现区域来看，网络覆盖区域的选择依次为：北京市、福建省、上海市、天津市、广东省、山东省、四川省、浙江省、辽宁省和江苏省。

四、央视区域市场收视份额分析

收视份额是某一规定时段内，某特定频道或节目的观众收视量占正在看电视的观众总收视量的百分比。

南方地区经济发达，消费能力强，是广告客户非常重视的地区，而这些地区的广告价格昂贵，媒介成本高，很多广告主望而却步。因此，中央电视台开始注意解决收视“北强南弱”的问题，调整节目策略，加大了适合南方观众口味的栏目和电视剧的播出力量，中央电视台在南方市场的竞争力显著加强，收视份额在2005年和2006年出现连续攀升，如图1－16所示。

央视国际网站贯彻以台网互动延伸电视平台（台网联动、内容联动，台网联动、广告联动）和以网络联盟拓展央视国际的发展空间的策略，因此，网络接入策略上也要跟进，从以上数据可以看出，依次选择的南方省市为：云南省、福建省、湖北省、贵州省、江苏省、四川省、海南省。

地区	2005年上半年 CCTV收视份额/%	2006年上半年 CCTV收视份额/%	增长率/%
湖北	28.3	34.56	22.12
安徽	21.8	25.53	17.11
江西	21.84	25.22	15.47
海南	23.78	27.08	13.87
四川	26.09	28.99	11.11
福建	34.93	38.68	10.73
贵州	29.87	33.06	10.67
广东	17.06	18.66	9.37
云南	42.63	46.49	9.05
江苏	27.08	29.4	8.56
湖南	19.42	20.9	7.62
山东	22.67	24.35	7.41

图 1－16　CCTV 在南方部分城市的收视份额及其增长率

资料来源：2007 年中央电视台招标手册。

五、中国网络视频行业的发展与市场分析

（一）知识产权战略下的市场机会

21 世纪头 20 年，是我国经济社会发展的重要战略机遇期。为了全面增强自主创新能力，建设创新型国家，实现全面建设小康社会的战略目标，国家把知识产权的创造、保护、应用摆到经济社会发展中更加重要的位置，使知识的创造与应用能够有力地支撑我国经济社会的全面、协调、可持续发展，显著提升我国的国际竞争力。在国家知识产权战略下进行发展，已经成为我国经济社会发展的客观要求。

广电总局在 2007 年 2 月曾专门针对“网络电视台”下发文件，要求各地广电部门加大查处无证经营和内容违规。无证经营助涨了对电视台资源的侵权，而内容违规的社会影响显然更加严重。新政开始执行的时间是 2007 年 3 月。广电总局宣布查处了名为“中国国际网络电视台”的网站，并强调“加强审查，提高警惕，防止非法‘网络电视台’的节目通过广播电视进入家庭”。与此同时，国家版权局、国家新闻出版总署也

重申打击视频下载网站的盗版问题。

因此，在知识产权战略下，中国网络视频行业的成长期正在掀起新一轮的整合。截至2006年年底，中国有超过150家网络视频运营商，有大量的Youtube复制者，市场竞争异常激烈。

（二）宽频影视网站用户地区分布

根据艾瑞网民连续用户行为研究系统iUserTracker的数据表示，2007年2月，中国工作及家庭上网用户中，宽频影视类网站用户的月度覆盖人数达到5761.5万人，占所有中国工作及家庭上网用户的53%。此外，宽频影视用户主要集中在华南、华东和华北地区。中国使用宽频影视网站的用户中，华南地区用户比例最多，占中国宽频影视网站用户月度覆盖人数的24%。其次是华东地区用户，占20.5%，而华北地区用户也占到了19.3%，这三个地区的用户共占中国宽频影视网站用户月度覆盖人数的64%。而西南、西北、东北和华东共四个地区的用户比例不到40%。从单个网站用户的地区分布来看，新浪宽频的华北地区用户比例要高于其他网站。东方宽频的华东地区用户比例要高于其他网站，世纪前线的华南地区用户比例要高于其他网站，尤其是世纪前线，它在华南地区的用户占总用户的比例已经高达45.7%。

因此，宽频影视用户主要集中在华南、华东和华北地区；由于各自总部在北京、上海、广州等一级城市的原因，新浪宽频、东方宽频、世纪前线的用户群中华北、华东、华南地区的用户比例较多。可见，主战场或者根据地的建设是网站市场开拓前期选择需要解决的关键问题，其他二级市场利用重点市场的影响进行覆盖，伺机而发。

六、用户文化圈分析

以上分析均是以地理区域作为区隔分析，网民的网络习惯具有群居性，本部分从文化圈的角度做出分析。

来自CNNIC 2007年1月发布的《中国互联网络发展状况统计报告》数据显示网民的年龄分布、网民的职业分布和网民主要上网地点分布，如表1－3、表1－4和表1－5所示。

表 1－3　网民的年龄分布

18 岁以下	18～24 岁	25～30 岁	31～35 岁	36～40 岁	41～50 岁	51～60 岁	60 岁以上
17.2%	35.2%	19.7%	10.4%	8.2%	6.2%	2.2%	0.9%

表 1－4　网民的职业分布

学 生	企业单位工作人员	学校教师及行政人员	国家机关、党群组织工作人员
32.3%	29.7%	6.2%	4.3%
事业单位工作人员	自由职业	农 民	无 业
8.6%	9.6%	0.4%	7.2%
其他（包括军人）			
1.7%			

表 1－5　网民主要上网地点分布

家 里	工作场所	网 吧	学 校	公共场所	其 他
76.0%	33.4%	32.3%	12.6%	0.9%	0.2%

从以上各表综合对比可以看出，与教育相关的群体占据很大比例，而我国的教育机构的网络出口基本上都是和中国教育和科研计算机网相连。此外，需要着重指出的是：

（1）随着信息技术的高速发展和广泛应用，我国学校等教育机构的网络信息化建设全面开展，并且已经形成一定规模。与网络相关的应用也蓬勃发展，逐步形成了以互联网和校园网为基础的形式多样的教育信息化平台，教育市场人数众多，而且应用广泛。

（2）随着大学教育的普及，接触中国教育和科研计算机网成了人生必须经历的阶段。这个阶段的网络接触行为，对以后的工作和生活都会产生深远的影响。

（3）网络的口碑传播力量强大，学生群体是口碑传播的中坚力量，他们的网络行为，以及网络接触习惯，能直接影响千千万万个家庭的使用情况。而且这部分群体遍布全国各个角落，他们良好的网络体验经验，能带动区域市场的开拓。

（4）目前，校园网络访问央视国际网站的速度普遍偏慢。

（5）第二代中国教育和科研计算机网是“中国下一代互联网示范工程”中最大的核心网和唯一学术网，它以每秒10G的传输速率（相当于每秒传送15个VCD光盘存储的信息）连接全国20个主要城市的核心节点，为全国几百所高校和科研单位提供高速IPv6网络接入服务，高速连接国内外下一代互联网。

由于以上原因，央视国际的网络覆盖在很大程度上需要考虑与中国教育和科研计算机网的战略合作。

七、央视国际网站流量区域分布

央视国际网站流量的来源各省市的差异比较明显，各省市的比例如图1－17所示。

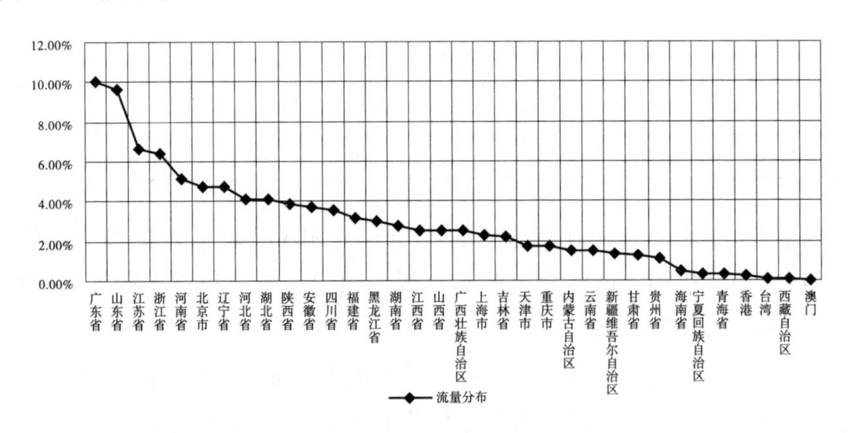

图1－17　央视国际网站流量区域分布

从图1－17中可以看出，央视国际网站的流量分布主要来源于：广东省、山东省、江苏省、浙江省、河南省、北京市、辽宁省、河北省、湖北省、陕西省、安徽省、四川省、福建省、黑龙江省和湖南省。其中，前十省市贡献了59%的流量，可以依此结合其他指标选择央视国际市场开拓的主战场或者根据地。

八、央视国际的发展

以上各部分分析综合为表1－6。

表1－6 不同分析下的网络覆盖选择

优先次序	网民区域分布	互联网接入市场	网络广告主地区分布	用户文化圈	CCTV收视份额	央视国际流量分布
1	北京市	北京市	北京市	中国教育和科研计算机网	云南省	广东省
2	上海市	上海市	福建省		福建省	山东省
3	天津市	天津市	上海市		湖北省	江苏省
4	广东省	广东省	天津市		贵州省	浙江省
5	浙江省	浙江省	广东省		江苏省	河南省
6	海南省	江苏省	山东省		四川省	北京市
7	福建省	山东省	四川省		海南省	辽宁省
8	江苏省	辽宁省	浙江省			河北省
9	山东省	四川省	辽宁省			湖北省
10	山西省	福建省	江苏省			陕西省

基于此，央视国际的发展方案有以下三种。

（一）方案一：不考虑指标的优先顺序

将表1－6排名转化为分值，如表1－7所示。

表1－7 各城市分值表

城市	网民区域分布	互联网接入市场	网络广告主地区分布	CCTV收视份额	央视国际流量分布	总分
北京市	10	10	10	参考指标	5	35
上海市	9	9	8		0	26
天津市	8	8	7		0	23
广东省	7	7	6		10	30
浙江省	6	6	3		7	22

续表

城市	网民区域分布	互联网接入市场	网络广告主地区分布	CCTV收视份额	央视国际流量分布	总分
海南省	5	0	0	参考指标	0	5
福建省	4	1	9		0	14
江苏省	3	5	1		8	17
山东省	2	4	5		9	20
山西省	1	0	0		0	1
辽宁省	0	3	2		4	9
四川省	0	2	4		0	6
河南省	0	0	0		6	6
河北省	0	0	0		3	3
湖北省	0	0	0		2	2
陕西省	0	0	0		1	1

说明：

（1）各指标中位列第一的城市得分10分，第二9分，依次类推，第十1分，十名之外，得零分。

（2）网络覆盖先选择重点城市，非全面铺开，因此，各指标只选择前十位，十位之后以零分计。

（3）未考虑收视份额指标，只是作为参考。

因此，有以下三种选择。

（1）选择的第一梯队城市：北京市、广东省和上海市。

（2）选择的第二梯队城市：天津市、浙江省和山东省。

（3）选择的第三梯队城市：江苏省、福建省、辽宁省、四川省或者河南省。

（二）方案二：以经济为杠杆，立足现在，服务于母体，台网联动，决胜未来

即以网络广告表现良好的区域为主线、以央视区域市场收视份额和网民区域分布等指标为基本指标，参考央视国际网站自身的流量，如图1－18所示。

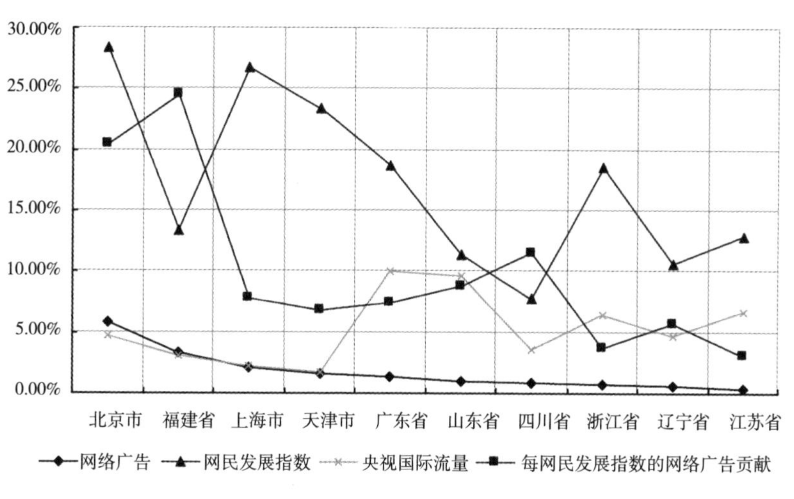

图1－18　以经济为杠杆，各指标对比

说明：

（1）只比较了网络广告经营额前十位的省市。

（2）为了便于在同一图表中比较，网民区域分布采取网民发展指数/1000×100%。

（3）每网民发展指数的网络广告贡献＝网络广告指数/网民发展指数×100%。

从每网民发展指数的网络广告贡献看，有以下四点选择。

（1）选择的第一梯队省市：福建省、北京市。

（2）选择的第二梯队省市：四川省、山东省、上海市、广东省和天津市。

（3）选择的第三梯队省市：辽宁省、浙江省和江苏省。

（4）以现有流量为基础选择根据地：广东省、山东省、江苏省或者浙江省。

（三）方案三：立足现在、着眼未来

即以央视国际网站目前流量为基础，分析其他指标，如图1－19和图1－20所示。

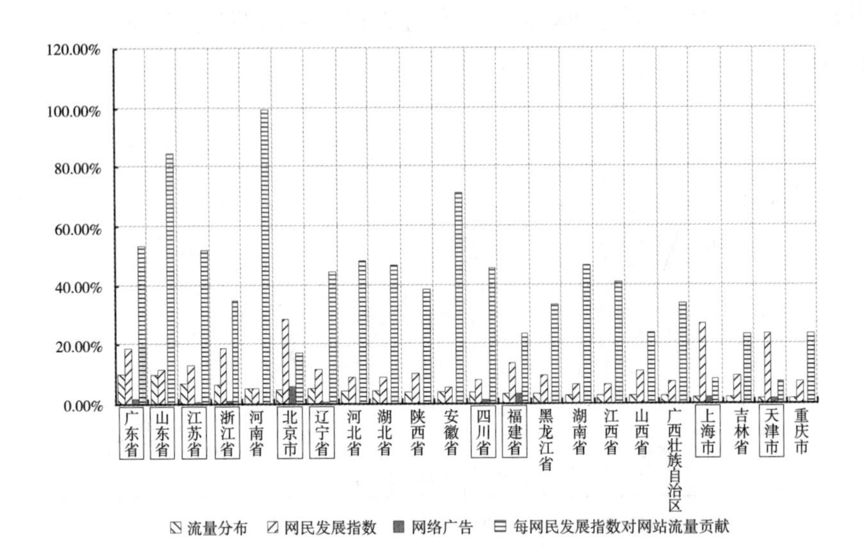

图 1－19　以流量为基础的各指标对比

说明：

（1）为了便于在同一图表中比较，网民区域分布采取网民发展指数/1000 × 100%。

（2）每网民发展指数对网站流量的贡献 = 网站流量比例/网民发展指数 × 100%。

同时考虑到经济效益，对比分析网络广告经营表现好的前十位省市，即保留图 1－19 中框出的省市，简化为图 1－20。

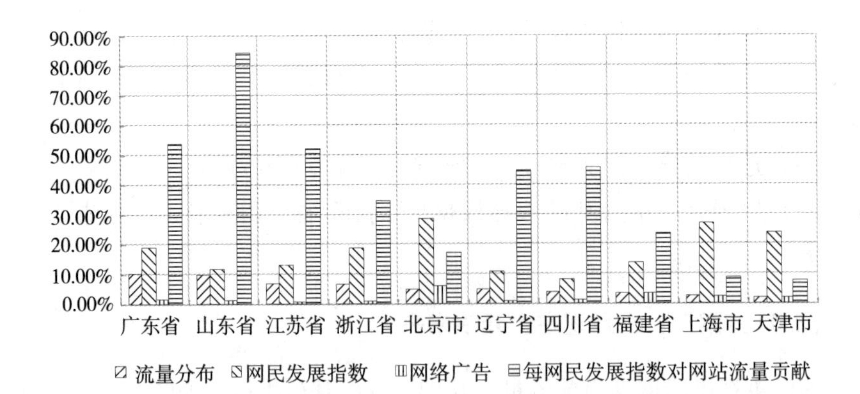

图 1－20　网络广告经营表现好的前十省市对比分析

从网民发展指数对网站流量的贡献看，有以下四点选择。

（1）选择的第一梯队省市：山东省、广东省和江苏省。

（2）选择的第二梯队省市：四川省、辽宁省、浙江省和福建省。

（3）选择的第三梯队省市：北京市、上海市和天津市。

（4）根据地选择：山东省、广东省和江苏省。

由于影响上述指标的因素多种多样，网络接入也只是网络广告主选择网络广告的一个因素，同样也只是影响其他市场的一个因素。综合考虑整体市场及央视国际自身的发展，充分挖掘现有竞争格局下的市场潜能和价值，东部市场是央视国际网络覆盖的首选。

考虑到根据地建设的重要性，以及各省市的特点、媒介竞争及未来发展和城市地理位置，结合央视国际目前的流量，结合IPTV等未来的用户总数前四甲区域，可分为以下三类。

一类是根据地省市：广东省、江苏省、浙江省和山东省，四个根据地，以根据为基础扩大区域影响、伺机发展周边省市。

二类是领先省市：北京市、上海市和天津市，三个直辖市，经济发展强劲、市场竞争激烈、是商家必争之地，央视国际在这三个市场上的竞争力稍逊风骚，但是这三个市场是央视国际必须占领的市场。

三类是发展省市：福建省、四川省和辽宁省。发展速度快，发展空间大。

具体策略有以下三点。

（1）根据地省份（山东省、江苏省、浙江省、广东省）的网络覆盖策略。

根据地省份对央视国际网站的流量贡献最大，央视国际有32.7%的流量来自这四个省份，由于他们对央视国际网站的流量贡献大，可以充分利用现有流量，充分挖掘其经济价值。

因此，央视国际的工作重点是进一步做好网络接入工作，加强网络覆盖，取得优势地位，同时网络覆盖和市场经营两手都要抓、两手都要硬，即同时加大市场开发、推广和销售力度，使央视国际在该区域成为网络覆盖和市场经营的双重领先者。

（2）领先城市（北京市、天津市、上海市）的网络覆盖策略。

领先城市的市场相对成熟，在这三个城市，由于商业网站经过若干年的发展已经占据了先机，央视国际的竞争优势不明显，表现相对不足，特别是央视国际在天津的竞争力不强。

因此，央视国际网络覆盖策略以优化即有网络覆盖技术和方案为主，适当考虑进一步的网络接入，在此基础上，重点考虑这三个城市的市场经营策略，开发市场的经济价值，使央视国际从市场的追随者逐步发展为市场的领先者。

（3）发展省市（福建省、四川省、辽宁省）的网络覆盖策略。

该类省市发展潜力巨大，但其对央视国际网站流量贡献不大，在这些省市需加强网络覆盖，以网络覆盖技术先入为主，使央视国际取得在该区域的优势地位。

专题二
互联网 + 传统媒体：推动媒体融合发展[①]

2014 年 8 月 18 日，中央全面深化改革领导小组第四次会议上审议通过了《关于推动传统媒体和新兴媒体融合发展的指导意见》，“媒体融合”上升到国家战略层面。推动传统媒体和新兴媒体融合发展，是党中央做出的重大战略部署。媒体融合发展是世界范围内，尚无有效解决方案的问题，是新的赛场。我们如何主导这一新赛场建设，从而“成为新的竞赛规则的重要制定者、新的竞赛场地的重要主导者”，需要找准问题、厘清思路、科学谋划。

一、推动传统媒体与新兴媒体融合发展的核心问题

媒体融合发展的目的是“占领信息传播制高点”“巩固宣传思想文化阵地”“壮大主流思想舆论”，这也是主流媒体一直以来的历史使命和社会责任。新技术条件下，如何融合发展，则需要解放思想、打破常规、另辟蹊径。

（一）新兴形态的迭代更新之困

谈到传媒业，“转型”“变革”等词汇早已落伍，取而代之的是以技术为中心的“移动化”“数字化”“网络化”和“智能化”，以用户体验为中心的“个性化”“定制化”和以运营为中心的“全平台”“生态链”“云计算”“大数据”“云媒体”等。新的名词、新的思维、新的概念、

① 本书的核心部分被北京社科基金项目《成果要报》（2014 年 9 月 23 日，第 28 期）采用；相关内容以《媒体融合发展的核心引擎》为题，被北京市哲学社会科学规划办公室推荐给《人民论坛》2014（10 下）发表。

新的模式层出不穷、变幻莫测，传媒业新兴业态迭代更新适应着技术的变革、追逐着技术的脚步、迎合着用户的需求，尽管其背后都有诸多成功个案煞有其事般地加以佐证。然而，新兴业态不断推陈出新，博客的风头被微博取代，微博的风头被微信取代，而微信的风头被新的形态取代，也只是时间问题。传统媒体，尤其是主流媒体既要考虑跟上发展的步伐，又要考虑生存问题，无法承受变化太快之重，传统媒体的发展更加迷茫。

瞬息万变的时代，传统媒体需要找到发展的根基，以不变应万变。当新技术成熟后，传统媒体可以直接与新技术嫁接，在合适的时候使用合适的技术，而无须紧跟技术的脚步、劳神又伤财。媒体融合发展需要运用新技术、新应用、创新媒体传播方式，但是切忌“唯技术论”。而传统媒体对待技术的态度应当是，从追逐技术转向夯实根基，从颠覆传统转向传承精髓，从外延发展转向内涵建设。

（二）资本驱动的发展模式之谜

媒体的融合发展需要“强化互联网思维”，但不能走互联网发展之路——以资本作为主要驱动力。

其一，媒体行业的特殊性决定了媒体本身及其关联性产业慎用外资。大国皆如此，美国媒体的外资份额不能超过25%，法国、加拿大和澳大利亚最高限额为20%。2014年10月初，俄罗斯国家杜马审议通过了一个新的法案，法案规定，外国人投资俄罗斯的任何一家大众传媒机构的股份不能超过20%。

其二，互联网的成功是用失败者的血泪堆积起来的。互联网创业者从零开始，可以心无旁骛地颠覆某一传统领域，采用资本驱动、创新发展。然而，一个成功者站起来，伴随着千万个失败者倒下去，千团大战后团购网站纷纷倒闭，微信脱颖于近百万个应用程序。因此，一方面传统媒体不能轻易颠覆自己，与其被互联网颠覆，不如循序渐进脱胎换骨、占据主动。另一方面，传统媒体在与新兴媒体融合发展的进程中，不能采用互联网的“烧钱游戏”，哪怕失败一次，就有可能造成严重的问题。

（三）“一亩三分地”的商业模式迷惘

一直以来，传统媒体以广告作为主要生存支柱。2013 年，中国广告经营额 5019.75 亿元；同期，中国移动 2013 年全年营运收入 6302 亿元。一个行业的主要营收不如一个企业，传统媒体何以融合发展？

此外，北京地区广告经营额稳居全国之首，占全国广告经营总额的 35.8%；前五位省份的广告经营收入占全国广告经营总额的 2/3，高达 68.86%。北、上、广及沿海地区以外，尤其是西部省份的传统媒体何以为继？

无论何时何地，中国传统媒体，尤其是主流媒体不能“坐等给政策、给资金、给项目”，而应当开天辟地。

事实证明，如果没有充足的资金来源和富足的收入渠道，传统媒体在与新兴媒体融合的过程中只能充当配角，为新兴媒体做嫁衣。例如，腾讯携手各省报业集团或出版集团，开通了 10 多个城市生活门户网站，传统媒体的融合步伐前进了一步的同时，腾讯借力传统媒体、构建着腾讯的城市生活门户矩阵。值得重点指出的是，长期以来，腾讯的广告收入不到其总收入 1/10，新兴媒体的营收并不依赖于广告。产业实力在很大程度上决定了融合的能力和主动权，传统媒体何以主导媒体融合？

当传统媒体局限于传统广告形式的时候，新兴媒体广告模式层出不穷，各类精准广告、实时竞价广告、广告与销售无缝嫁接的广告形式受到广告主追捧；当传统媒体以广告为主要收入的时候，新兴媒体的增值业务、付费业务、流量业务、虚拟物品业务、数据业务、电商业务等营收模式百花齐放。

更严重的问题还在今后。颠覆传统从某项服务免费开始，这是新形态立足的主要手法，假如某一天，某种新兴媒体形态宣布广告免费，传统媒体如何抵挡这样的冲击？这并非没有可能，微信免费发送消息和语音，就直接撼动了中国移动、电信和联通的地位。换而言之，若干年后，主流媒体，如电视台，是否有这样的勇气，首先宣布电视黄金时间段的广告免费，甚至，宣布电视广告全部免费，以吹响全新的号角，这将直接拷问传媒管理者和经营者的智慧、胆识、勇气和远见卓识。毫无疑问，需要从现在开始精心谋划、科学布局。

二、推动传统媒体与新兴媒体融合发展的核心引擎

传统媒体与新兴媒体的融合发展，不能只看到现有技术、资源和条件，不能局限于传媒领域的“一亩三分地”，不能将发展目标和发展模式混为一谈。当前媒体主要的融合发展模式强调采编的融合、组织和产业的融合、媒体技术的融合等。

传统媒体需要紧紧抓住战略性、全局性的发展根基，需要拥有雄厚的产业实力，方能在竞争中立于不败之地，“形成立体多样、融合发展的现代传播体系”。为此，推动媒体融合发展需要打造核心引擎。

（一）传承传统媒体的发展根基，以家为原点，融合一切

家是传统媒体的发展根基，客厅是以电视为主的传统媒体的核心舞台。一家人不会共用一个微信号，但会一起欣赏一部电视剧。新兴媒体或互联网侧重于满足个性需求，而传统媒体可以同时兼顾个人和家庭需求。而且，当前的互联网业态和新兴媒体形态主要以个人为基础，而忽略了以家庭为中心的发展模式，因此留下了巨大的市场空间和商业机会。家，从微观方面来说，是个人之根，从中观方面来说，是企业之根，从宏观方面来说，是国家之根。所以家是媒体融合以及融合一切的核心节点。

（二）活用“互联网 +”思维，抓住互联网成功模式的核心基因

互联网的三巨头 BAT（百度、阿里巴巴和腾讯），均建立了强大的生态系统，尤其以阿里巴巴为最。阿里巴巴上市路演，马云 24 次提及其生态系统，归结于其长期以来在传播、商务和金融领域的精心布局。如今，淘宝网逼迫传统企业纷纷转型；菜鸟的目标是全国范围内 24 小时内到货，将谱写新的商业图谱；当余额宝带给金融业的冲击余波未平，浙江网商银行又横空出世，传统金融业面临重构。

新兴媒体形态微信则从颠覆通信运营商的基本服务开始，发展到“连接一切”，集新闻资讯、社交、支付、理财、微店等各类服务于一体，随时随地满足个人需求，不只局限于媒体形态，正在成为个人的媒体中心和商业活动中心。

当前，基于强大的生态系统，互联网巨头试图在各个领域发展“互联网+”模式：正在互联网金融、云计算、大数据、移动互联网、O2O、产业互联网等核心领域进行全新的布局，试图全面控制实体经济和传统资源，以及掌控物流、社区、终端消费等核心环节。尤其是，BAT的大数据正向宽领域、多维度、深层次，以及精准化、动态化、智能化发展。

简而言之，跨界、融合、多维生态是互联网或新兴媒体蓬勃发展的核心基因。传统媒体拥有最强音——强大的传播力、影响力和公信力，却没有与之相等的产业实力，不能再局限于“一亩三分地”、局限于传媒领域的深耕细作，而应当将传媒的触角延伸到个人和家庭生活的每一个角落，与个人和家庭的生活完美融为一体，成为个人和家庭生活的智能化助手的同时，时时刻刻传递正能量。

（三）“家”+“生态系统”=媒体融合发展的核心引擎

综上所述，同时参考但不拘泥于互联网的成功模式，推动传统媒体与新兴媒体融合发展的核心引擎是以家庭需求为中心，构建媒体传播、商务活动、金融服务等多维互动融合的生态系统，使融合业态或产品应用随时随地地满足家庭需求，成为家庭的生活管家，甚至成为家庭生活的智慧大脑。

具体来说，“以家庭需求为中心，构建媒体传播、商务活动、金融服务等多维互动融合的生态系统”，强调夯实发展的根基，以产业作为主要驱动力，作为推动传统媒体与新兴媒体在内容、渠道、平台、经营、管理等方面深度融合的坚实后盾。同时，在合适的时候使用合适的技术，而无须紧跟技术的脚步，当新的技术成熟后，融合业态可以直接与新技术嫁接，甚至可以基于大数据或云计算，以及未来更先进的技术，发展家庭智慧生活的新大脑。

三、推动传统媒体与新兴媒体融合发展的核心举措

媒体融合发展必须坚定地走自主创新之路，传承精髓、自力更生、步步为营。从一定程度上来说，需要更多与市场发展和规则相一致的自主知识产权、独特发展模式、创新发展智慧和产业报国举措；需要具有战略高度、策略深度、创新意识、开阔视野的优秀人才全心全意投入到

这场伟大创举中；需要灵活的机制和政策的扶植；需要成立多高校、多部门和多学科、多产业融合的媒体融合发展研究院；需要设立以国有资本和民营资本为主的“媒体融合发展基金”等。然而，我们不能等到万事俱备，而错失自力更生的良机，在我国民族资本实力尚弱、传媒业的体制和机制有待突破的情况下，最好方式是以增强媒体自身传播力、公信力、影响力和产业实力作为主要驱动力。与之相应的核心举措是：以媒体的传播力、公信力和影响力为基础，延伸传媒产业链；以重组报刊发行渠道为核心，掌控互联网的核心环节；着力推动多维、互动、融合的媒体生态系统建设。

（一）传承精髓，延伸传统媒体产业链

入口是互联网最重要的争夺领域，基于传统媒体的传播力、公信力和影响力，活用互联网思维，让传统媒体成为互联网流量暴涨的强大入口，既延伸了传媒产业链，又拓展了其产业空间，为媒体融合发展带来无限可能。例如，可选择电视非时政类节目先行先试。观众欣赏节目时，可以通过二维码或新颖的节目形式，“即刻”通过电商平台下单，实现媒体传播力和家庭购买力无缝嫁接。中央电视台的“央视网商城”和浙江卫视的“开心大买卖”节目都是很好的尝试。

（二）组建“最后一公里”物流网，掌控互联网的核心环节

没有物流的互联网只是空头支票，而“最后一公里”物流是产品或服务入户的重中之重。当前，建设“最后一公里”物流，互联网巨头和物流企业也只能试点，而报刊的发行渠道具有天然的优势。借助国务院印发的《物流业发展中长期规划（2014—2020 年）》的东风，着力推进报刊发行渠道重组，可以以社区为单位或“一刻钟”商圈为单位，建设高效、快速的物流配送站（类似于传统的报刊亭模式），并以此为基础组建“最后一公里”物流网。一方面，必将牢牢掐住互联网的命门，调动互联网资源为传媒业服务；另一方面，传媒集团可共享物流渠道，协同创新；再者，传媒产业链能够无限延伸，从而使媒体融合形态与家庭生活深度融合。

（三）创新发展，构建多维、互动、融合的媒体生态系统

面对互联网的冲击，传媒业、各类企业、金融行业亟待转型。与之对应，构建媒体传播、商务活动、金融服务等多维、互动、融合的生态系统，让传媒业、传统企业和金融业抱团发展、互惠互利。多平台、多屏幕、多终端丰富媒体融合形态、促进产业集群集聚、创新金融服务模式，为家庭提供一站式、管家式贴心服务。让传媒业的传播力、公信力和影响力通过各种方式、各种渠道深入人心；让传媒业拥有组合拳，自由地选择商业模式参与市场竞争；让合作企业和金融机构壮大传媒业的服务能力和产业实力，同时为传媒业提供充足的发展资金。

传统媒体与新兴媒体的融合发展，与全新物流、新型产业和全新金融互为一体、深度融合，必将促进现代传播体系和新型经济体系协同发展，推动两者螺旋式上升、进入高速发展的快车道。

四、结束语

物流网、产业群和金融服务，是传媒产业链的延伸，是发展现代传播体系的重要支撑，甚至重要组成部分。既增强传媒集团的实力，还拓展其发展空间，促进传媒产业与实体经济深度融合，培育国民经济新的增长点、提升国家文化软实力和产业竞争力，以传媒凝聚力、文化软实力和产业活力互融互通推动媒体的融合发展，进而推动社会主义文化大发展、大繁荣。北京地区和中央级媒体最有资源和条件先行先试，发挥示范和引领作用。

多维生态、互动融合、相互支撑，可以掌控各类资源为我所用、听我调遣；增强媒体的服务能力和产业实力；重构媒体的核心竞争力和竞争优势；促进传媒业整合资源或合并、重组；带动传媒业体制和机制的深刻变革；必将推动传统媒体和新兴媒体以惊人的速度、力度、广度和深度融合发展。

案例1　互联网＋县级媒体：智慧县域融媒体平台①

一、智慧县域融媒体平台概况

（一）县级媒体融合发展的新课题及新思路

技术的突破性发展、社会的结构性变革、消费的智慧化升级，诸多因素几何叠加，形成强大力量，深刻地改变着媒体格局和舆论生态。在这场变革面前，全国广播电视媒体遇到了前所未有的发展困境和生存挑战，尤其是县级广播电视台更是遭遇"寒冬"。据权威部门统计，全国县级广播电视台共有2800多家，数量占全国广播电视台的97%，但广告经营收入却仅占3.3%。

河南省新闻出版广电局大胆探索省级广电与县级广电资源共享、融合发展的新思路、新模式。于2015年9月开始启动河南县级广电资源整合工作，并提出了构建为全省"三农"工作服务的宣传大平台、全省农业大数据分析服务大平台、全省农特优产品购销服务大平台的发展思路。经过深入调研，确定由河南电视台新农村频道、河南电台农村广播、河南省新闻出版广电局电视节目供片中心三家单位负责牵头实施，由河南新农村频道传媒有限公司负责运营，并确立了"搭建平台、整合资源、融合产业，共赢发展"的工作思路，以整合县级广电的可经营性资源为

① 2018年，在全国宣传思想工作会议和中央全面深化改革委员会第五次会议上，将县级融媒体中心摆在宣传思想工作的重要位置、纳入推进国家治理体系和治理能力现代化的战略高度。此前，从2015年开始，作者就与河南新农村频道一起探索县级融媒体的建设和发展之路，本节总结于2017年9月，以此为基础，新农村频道获得了2018年度河南省省级高成长服务业专项引导资金的支持；同期，我们也向中央相关部门提交了建设县级融媒体中心的建议。

抓手，以节目带广告、以项目带产业，最终以发展促共赢，将县级广播电视台的“一叶叶扁舟”，升级重组为县域广电的新“航母”。

（二）河南广电县域媒体融合发展的破冰之举

截至2017年9月，河南新农村频道传媒有限公司已与全省62家县级广播电视台签订了合作协议，率先构建了县域电视融媒体宣传服务平台——新农村联播网。新农村联播网是由各合作县级台提供的一个在播的电视频道，由河南新农村频道传媒有限公司采用“中央厨房”模式，按照“五统一”方式运营管理，即统一播出呼号、统一节目制作、统一分发播出、统一广告经营、统一产业开发。2016年12月1日，新农村联播网在全省60多家县级合作频道陆续试播。2017年1月1日，“新农村联播网”在62家县级台正式开播，“智慧县域”融媒体基础平台也同步上线。

“新农村联播网”平台的搭建，改变了县级广播电视台以往“孤军奋战”的局面，凸显“聚沙成塔”的平台效应，吸引了各类广告投放和产业项目跟进。

（三）县级媒体融合发展获得关注和肯定

2016年，国家新闻出版广电总局发展研究中心政策所、信息所所长、中国广电蓝皮书副主编李岚认为，河南广电县域融煤集团发力于“互联网+‘三农’+广电”的模式，整合了县级广播电视的可经营性资源，利用县级平台进行产业运营，使县级广电平台产生了服务“新三农”的综合融合服务平台，以此实现用产业发展反哺县级台事业发展是非常好的模式，这样的运营平台和发展模式充分体现和发挥了县级台的地位和作用，使我们看到了广电全面成型的前景和希望。国家广电总局“广电蓝皮书”——《中国广播电影电视发展报告》将河南广电县域媒体的融合发展举措与大象融媒集团的成立运营并列为2016年度河南广电的两大“亮点”。2016年6月，国家新闻出版广电总局发展研究中心党委副书记兼纪委书记崔承浩一行赶赴河南，对河南广电县域媒体的发展模式及推进情况进行了专题调研，对该“破冰之举”给予了充分肯定。

（四）县域广电融合的核心工程：智慧县域融媒体平台

新农村联播网由三家单位牵头建设，其中，河南电视台新农村频道和河南电台农村广播作为县级广电的龙头，让县级广电有了主心骨，河南省新闻出版广电局电视节目供片中心解决了县级广电的节目源。依此建设的新农村联播网是全省“三农”工作服务的宣传大平台，是县级媒体自有的宣传大平台，是县域应急指挥大平台，是省、县两级广电融合的大平台。该平台既让县级广电成为省级平台的重要组成部分和直接参与者，让各县在省有一个大平台，让县域宣传工作有了贴心依托，又让上级下达的各类宣传任务可以直接下沉到各县，高速、高效直达县域。

当然，盘活县级广电资源只是第一步，既要对县级广电的技术进行改造升级，更要让县级广电以新兴技术为依托与新兴媒体深度融合发展。与此同时，县级广电要摆脱传统单一依靠广告收入作为主要生存支柱的盈利模式，需要以产业为依托拓展多维度盈利空间，以平台为依托建立全新的发展模式。

为此，河南新农村频道传媒有限公司紧紧围绕“一个中心、三大核心平台、五大战略体系”，以河南电视台新农村频道和河南电台农村广播为龙头、以108个县级广播电视台为支撑，打造以“传播矩阵、政务服务、县域电商、产业发展及大数据应用”等为基础、集“现代传播体系、优质产业发展和智能经济秩序”于一体的平台级“航母”，我们称之为“智慧县域”融媒体平台。

一个中心即融媒体中心。采用“中央厨房”的模式建立以“新农村联播网”为引爆点，以省、县两级各类移动媒体为支撑的传媒矩阵，全省有一个集中统一的“中央厨房”，各县有一个“中央子厨房”，“中央厨房”是新农村频道、农村广播、县级广电以及移动媒体的大脑和神经中枢，而“中央子厨房”则是所在县级广电和县级移动媒体的中央指挥系统。

三大核心平台即全省“三农”工作服务的宣传大平台、全省农业大数据分析服务大平台、全省农特优产品购销服务大平台。建立以“宣传和服务”为一体的客户端，让县域广电深度融入智慧县域建设、县域经济建设的大潮中，并将“智慧县域”融媒体平台打造成县域经济建设、政治建设、文化建设、社会建设和生态文明建设的核心系统。

五大战略体系即用户成长体系、政务服务体系、商品流通体系、产业发展体系和数据应用体系。通过五大体系的构建，让县域传播体系、三大核心平台与县域商业、县域经济深度融合。

（五）智慧县域融媒体平台的核心价值

智慧县域融媒体平台的价值主要体现在以下五个方面。

（1）智慧县域融媒体平台上线后，各县的宣传工作在省级层面拥有两大平台，即新农村联播网和县域现代传播体系。同时，通过这两大平台，上级下达的各类宣传任务，省级广电可以直接下沉到各县，高速、高效直达县域。

（2）融媒体子中心免费让县级广电使用，这样108个县同时拥有了自己的新媒体平台，每个县的宣传工作有了全新的全媒体渠道，同时新媒体平台是县级广电牢守“一亩三分地”、自我造血的良好平台。新农村联播网给县级广电“输血”，融媒体中心让县级广电“自我造血”，“输血”和“造血”结合，解决县级广电的生存问题。

（3）108个县合纵连横，建设新渠道、新服务、新商业、新数据和新秩序，解决县级广电的发展问题，也为省级广电的发展找准新时空。

（4）一夜之间，108个县同时拥有融媒体平台，并组成县域现代传播体系，这是河南广电吹响改制号角后的重磅工程，其经济价值和政治意义都相当重大，既为县域广电的发展指明了方向，又为国家现代传播体系的布局提供了实实在在的解决方案，为主流媒体引领舆论导向、主导媒体格局奠定坚实的基础。

（5）智慧县域融媒体平台的建设，让县域广电深度融合到智慧县域的建设之中，与县域商业、县域经济深度融合，让县域媒体在充分发挥宣传主导作用的同时，让其盈利模式没有天花板。

二、智慧县域融媒体平台的发展路径

（一）盘活媒体存量资源

当前，媒体融合的标配和龙头工程是“中央厨房”，有的媒体又称之为融媒体中心、超级编辑部、新闻超市、大编辑平台等，称谓不同，但功能相近。河南广电打造智慧县域融媒体平台、建设县域现代传播体系的龙头工程也是融媒体中心，即县域“中央厨房”，它是县级广电媒体矩阵和省县两级移动媒体矩阵的指挥调度中心和采编发联动平台。

“中央厨房”的建设需要雄厚的资金支持。人民日报的“中央厨房”，从2014年建设之初就得到了国家政策资金的大力扶持；上海广播电视台、上海文化广播影视集团的融媒体中心举全台和集团之力倾心打造。而且，“中央厨房”的建设需要同时跨越理念、资本、技术和机制等诸多难题，东方网负责人徐世平在一次行业内交流中坦陈，东方网努力打造一个大编辑平台的概念，内容统一生产，信息整体协调，但是整合了两年也没把他们整合到一起，传统势力、传统习惯，改起来很难。

当时，各大媒体的“中央厨房”主要功效在于抢占舆论宣传的制高点、壮大主流思想舆论阵地，其盈利模式并不清晰，县域广电首先面临的是生存问题，其次才是发展问题，在没有资金支持的情况下，河南广电人不等不靠，不等大资金，但有大手笔，采用盘活存量资源的模式，充分挖掘新农村频道、农村广播的潜能和价值，盘活县级广电资源，集合现有的节目资源、频道资源、频率资源和人力资源，采用“中央厨房”的发展理念和模式，统一播出呼号，统一节目制作，统一分发播出，统一广告经营，统一产业开发，搭建了62家县级电视台同时开播的“新农村联播网”，这一联播平台网络了全省108家县级广播电视台。

打造智慧县域融媒体平台、建设县域现代传播体系，最难的是跨越不同行政区域的不同要求，建立高效的协调和沟通机制，高效、高速地盘活着存量资源。

盘活存量资源，搭建县级广电媒体矩阵，这是第一步，下一步，将采用“中央厨房”的模式整合省、县两级优质的移动媒体资源，包括各类新闻客户端、微博账号、微信公众号、手机报、手机网站、移动电视、网络电台等，形成载体多样、渠道丰富、覆盖广泛的县域移动传播矩阵。

智慧县域融媒体平台的目的并不只局限于此，全省县级电视台和移动媒体相加成“线”，为建立盈利模式清晰的以移动媒体矩阵为核心的县域现代传播体系奠定了坚实的基础。融媒体平台的建设将从盘活存量资源开始，从点到面，织线成网，稳步推进，步步为营；同时，打破了区域限制、建立协调机制，为建立高效运转的县域现代传播体系奠定坚实的基础。

（二）转型与升级：整合县域优势资源

传媒业已然面临着一个全新的时代，单纯依靠旧思路、旧模式已经没有进一步发展空间，传媒业以广告作为主要生存支柱的基础正在弱化，甚至消亡，传媒业的下一步增长空间已经从以传播层面为主转移到传播和商务的深度融合。

面对互联网的冲击，各行各业亟待转型。与之对应，构建媒体传播、商务活动、金融服务等多维、互动、融合的生态系统，让传媒业、传统企业和金融业抱团发展、互惠互利。多平台、多屏幕、多终端丰富媒体融合形态、促进产业集群集聚、创新金融服务模式，为用户提供一站式、管家式贴心服务。让传媒业的传播力、公信力和影响力通过各种方式、各种渠道深入人心；让传媒业拥有组合拳，自由地选择商业模式参与市场竞争；让合作企业和金融机构壮大传媒业的服务能力和产业实力，同时为传媒业提供充足的发展资金。

物流网、产业群和金融服务，是传媒产业链的延伸，是发展现代传播体系的重要支撑，甚至重要组成部分。多维生态、互动融合、相互支撑，可以掌控各类资源为我所用，听我调遣；增强媒体的服务能力和产业实力；拓展媒体的核心竞争力和竞争优势；促进传媒业整合资源或合并、重组；必将推动传统媒体和新兴媒体以惊人的速度、力度、广度和深度融合发展。

直面种种冲击，县域各行各业更加孤立无助，河南县域广电融媒平台将整合县域优势资源，让三大核心平台互联互通。即基于县级广电的传播力、公信力和影响力，活用互联网思维，让县域广电成为引爆三大平台流量暴涨的入口，将传统广电的优势力量逐渐转移到传播力强的新型传播平台之上，实现传统媒体到新型平台的自然过渡，既延伸了传媒产业链，又拓展了其产业空间，为县域广电的融合发展带来无限可能，同时，助力县域各行各业转型发展。

（三）再造县域商业生态

县域是中国改革的主赛场，是经济发展的新方位，是人口红利的新赛道，主赛场、新方位、新赛道必然要面对与之相对应的深层次问题。

县域精准扶贫与共享经济、算法经济和智能经济齐飞，县域赛场如何主导建设？

市场在萎缩、生意不好做，互联网正颠覆着各行各业，县域经济如何转型发展？

美国工业互联网、德国工业4.0正重新定义商业规则，县域产业如何顺势而为？

开网店、做网商、干微商，梦想很美好、现实很残酷，县域电商如何破旧立新？

物联网、云计算、大数据，感知化、物联化、智能化，智慧县域如何实效推进？

着眼于新的科技革命和产业革命的重大机遇，着眼于人口红利向县域转移的重要节点，着眼于县域天然的产业资源、富足的商业资源、活跃的社群资源和潜力巨大的消费资源，河南县域广电融媒集团将建立以县域为中心的五大战略体系，即用户成长体系、政务服务体系、商品流通体系、产业发展体系和数据应用体系。

五大战略体系与县域现代传播体系互为一体，秉承“围绕中心、服务大局”的理念，助力县域产业转型升级和供给侧结构性改革，重点探索农业供给侧结构性改革新举措和实体经济破茧成蝶的新模式；让县域企业家、城归、农民创业者等各类人员直面种种冲击或困境、抱团取暖、共谋发展，在经营好原有“一亩三分地”的基础上，共享合众连横的新市场和大蛋糕，并充分发挥传帮带的重要作用；以智慧县域融媒体平台为基础，带动精准扶贫工作全面有效地展开。

县域现代传播体系、三大核心平台和五大战略体系是县域经济发展的基础设施，以县域广电为连接器、以技术为支撑、以产业为基础，探索建立县域商业新规则和发展新秩序。

三、智慧县域融媒体平台的可行性分析

（一）聚沙成塔的平台效应与新价值

微信、微博、今日头条等都是平台级媒体的典型代表，它们极大地整合了传统媒体资源、自媒体资源和社会资源，平台级媒体的发展熠熠生辉。

河南广电智慧县域融媒体平台也采用平台级媒体的模式，以县级广电为核心，整合各类移动媒体资源和县级优质资源，将县级广播电视台聚沙成塔，将县级移动媒体聚沙成塔，将县级优质资源聚沙成塔，是县域自主可控的平台级航母。

除此之外，微信、微博和今日头条的运营者并不生产内容，而河南广电智慧县域融媒体平台既是聚合优质资源的平台级媒体，又采用“中央厨房”的模式，与县级广电和移动媒体形成媒体矩阵，产生巨大的平台效应，激发出强大的媒体能量；与此同时，矩阵中的每一个子站点以县为中心又可以独立运营，彰显本地化精准传播的优势。每个县级广电既可以借助“中央子厨房”享受独立运营的价值，又可以共享全省大平台的价值。

就整合的资源来看，智慧县域融媒体平台的价值已经凸显。

（1）覆盖人口超过6000万。包括省直管县市在内，河南省目前有108个县市区，第一批加入融媒体平台的就有62个，占河南县市总数的一半以上，覆盖人口超过6000万，覆盖地域占河南总面积的近60%。

（2）经济发达县域全覆盖。河南是县域经济大省，GDP总量的70%、就业人口的70%和地方财政收入的35%均来自县域。首批62家县级台遍布河南的18个省辖市，涵盖10个省政府直管县市，县域经济体量不容小觑。

（3）高水准的电视节目将“领跑”县级广电。新农村联播网发挥省级广电独有的平台和资源优势，统一购置电影、电视剧和精品栏目，为县域量身定制市县新闻、专题故事和对农节目。差异化的资源组合，科学化的电视编排，将迅速提高新农村联播网的收视率和影响力。

（4）广告投放更精准更高效。平台广告将统一经营，集中编排，同

时播发。高效、集约的广告和产品推广营销，覆盖面广，影响力大，给客户带来最佳效果。

（5）大活动直达县域，接地气见实效。重大主题报道、跨区域大型采访、优质综艺选拔、生活类商品销售等大报道、大活动可直接落地县域，面对一线用户，效果实实在在。

（6）产业项目下沉下行的优势平台。搭建宣传平台，整合优质资源，依托新农村联播网这个大平台，农村电商、农村金融、涉农产业、乡村旅游等项目都可以下沉下行，落地生根，快速成长。

河南新农村频道传媒有限公司自觉践行“互联网+”的经营理念和运作手法，“搭建平台、整合资源”的初心不改，实现“融合发展、共兴共赢”的目标不变。随着县域广电融媒体平台分层次、分阶段、逐步整合传媒资源和产业资源，其将具有更大的价值。

（二）媒体融合的盈利困局与新突破

2015年，四大传统媒体的广告收入同比下滑12.59%，电视广告下滑4.6%，报纸广告甚至下滑35.4%，而互联网广告则以36.1%的速度高速增长。而互联网广告中，搜索引擎广告和电商广告就占据了半壁江山，来自艾瑞的数据显示：2016年，搜索引擎广告的市场份额为33.1%，电商广告的市场份额为27.9%。此外，品牌图形广告的市场份额为13.1%，视频贴片广告的市场份额为8.8%。搜索引擎广告背靠的是搜索引擎技术，电商广告背靠的是消费数据，品牌图形广告背靠的是流量。因此，传统媒体与新兴媒体融合或建立新媒体平台，并不能在网络广告收入中占据一片天空，它并不具备互联网广告投放的核心基因。以主流媒体为主建立风清气朗的媒体格局和舆论生态需要持久的资金投入，方能实现可持续发展。当媒体融合遭遇盈利困局时，各种焦虑随之而来。

县域广电，由于技术、资金等缺乏，在媒体融合的大潮面前，更是一筹莫展，并且直接面临着生存危机。然而，县域广电有着其他层级媒体不具备的独特的核心优势：社区化动能、精准化传播和本地化资源。

社区化动能：每一个县域就是一个社区，并且这个社区具有显著的自然属性、社会属性和经济属性。调查发现，县域的很多优势是其他层级不可比拟的，如县域的口碑传播力量相比城市社区的口碑更强大。

精准化传播：网络媒体的精准化传播将人作为自然人而开发，但众所周知，人更多地是以社会人而存在的，县级的精准化传播偏重于以社会人的群体为单位，其价值不言而喻。

本地化资源：县域背靠优质的区域资源，并且每个县资源禀赋不同，特色不同，不同的特色孕育了富足的本地优势。不同县域的优势资源的聚合就是丰富的产业资源。

但是单个的县级媒体缺乏规模化优势，智慧县域融媒体平台整合着全省资源，同时具备了规模化优势、社区化动能、精准化传播和本地化资源。而这些资源都是互联网巨头一直在觊觎，但没法调动或控制的核心资源。

（三）媒体发展的五个层次与新高地

梳理传统媒体和新兴媒体的发展，发现媒体的发展有以下五个层次。

（1）第一个层次：内容为王，着力于内容。

内容是主流媒体的根，其重要性不言而喻。但事实证明，局限于内容为王的传统媒体，在传统媒体与新兴媒体融合的进程中，如果延续内容为王的思维，最普遍的模式是拥有自己的微博、微信和客户端，虽然扩大了媒体的影响力，但是很难有突破性发展。

（2）第二个层次：“中央厨房”，着力于科技。

“中央厨房”既是硬件基础、技术平台，又是大脑和神经中枢，作为基础性技术平台、采编发联动平台和指挥调度中心，它再造着传统的采编发流程，对接着新的技术，包括大数据、VR（虚拟现实）、增强现实、人工智能、3D、R5、全息投影、物联网等，它是主流媒体练好内功、增强核心竞争力的关键环节，是主流媒体成为自主可控传播平台的基础性工程。

（3）第三个层次：精准推荐，着力于个性。

以今日头条最为典型，今日头条是一款基于数据挖掘的推荐引擎产品，它为用户推荐有价值的、个性化的信息，提供连接人与信息的新型服务。今日头条不生产内容，是内容的搬运工，但以其搬运能力却聚合成了传播平台，截至 2016 年 11 月底，已有超过 39 万个头条号由个人、组织开设。

（4）第四个层次：行为导向，着力于数据。

这种导向以百度和阿里巴巴的平台最为典型。近年来，网络广告营收的半壁江山由百度和阿里巴巴斩获。百度和阿里巴巴的核心运营策略都是基于消费者的行为导向，两者的不同之处在于，百度偏重于浏览行为，而阿里巴巴偏重于购买行为。

（5）第五个层次：融合实体，着力于产业。

互联网是一个高度融合的平台。当前，互联网巨头正在互联网金融、云计算、大数据、移动互联网、O2O（线上与线下融合）、产业互联网、人工智能等核心领域进行全新的布局，试图全面控制实体经济和传统资源，以及掌控物流、社区、终端消费等核心环节。尤其是，BAT（百度、阿里巴巴、腾讯）的大数据正向宽领域、多维度、深层次，以及精准化、动态化、智能化发展。

以上五个层次，前四个层次是将媒体定位于传播领域，而第五个层次，则将媒体定位于与实体经济深度融合，这是媒体发展新的制高点。在新的制高点，互联网巨头已经先行一步，但是并没有先行优势。众所周知，社会生产总过程包括“生产、分配、交换、消费”四个环节。互联网号称能颠覆一切，实际上，它着力于“分配”和“交换”环节，并牢牢锁定这两个中间环节，创新发展模式，引导消费升级，重构商业生态，控制核心资源，绑架实体经济。而在“生产”和“消费”这两个核心领域，互联网企业一直在觊觎，却从未能掌控。与实体经济深度融合才是媒体发展制高点和战略高地，也是当前互联网的薄弱环节。在这两个领域，各行各业、传统资源、社会管理是重要砝码，互联网企业没有发展优势。2015年，李彦宏在百度世界大会上指出，“互联网+”时代没有内行，当线上、线下融合在一起变成了全新的东西，这意味着“互联网+”时代传统企业和互联网企业都需要转型。

与实体经济深度融合，需要与实体经济融合的便利条件、解决实体经济面临的核心问题，需要与实体经济各个环节无缝亲密接触，纵观各类媒体，只有县级媒体及其合纵连横的航母平台才具备这样的优势，每个县级媒体就是一个网点，而每个网点则掌握着与实体经济亲密无间的传播渠道、用户渠道、物流渠道。而航母平台则可以灵活自如地集中控制和统一运营，社会价值和产业价值巨大。

发展需要创新性举措，智慧县域融媒体平台没有雄厚的资金在试错中前行，但具有先天与实体经济高度融合的发展优势，长期以来，县级广电服务于地方，与地方经济水乳交融，在新的高地，我们可以迅速聚合资源，采用互联网思维进行系统开发，并统一经营、统一产业开发，以此为基础，占领新的战略高地。同时，反哺“中央厨房”的建设和开发，进一步让媒体发展的五个层次组成一个系统工程，以落地资源为基础，以科技作为核心突破口，让县域融媒牢牢占领县域市场，发挥主导作用，“历史经验表明，科技革命总是能够深刻改变世界发展格局。”从媒体的角度来说，县域融媒的发展必将推动媒体格局的改变，引导舆论生态，壮大主流舆论阵地，甚至成为主流媒体牢牢掌控各类传播平台、调动新媒体传播平台“为我所用，听我调遣”的核心突破口。

（四）融媒体平台的商业生态与新根基

“不谋万世者，不足谋一时；不谋全局者，不足谋一域。”河南广电智慧县域融媒体平台选择的是稳步发展、步步为营的发展之路，与此同时瞄准新的战略高地、扛好旗、布好局。我们深知，想要成为可持续发展的媒体，成为掌控媒体格局和舆论生态的主流媒体，乃至现象级媒体必须要有强大的实力和高瞻远瞩的布局作为核心支撑。当主流媒体还在寻找媒体融合的路径时，互联网巨头早已开始布局下一代互联网。为了抢占新的制高点，百度启动了“连接人和服务”的第三次转型及人工智能计划；马云倡导五个“新”——新零售、新制造、新金融、新技术、新能源；腾讯则依托微信平台全面布局政务服务、金融服务及依托微信小程序全面布局线下业务。以百度为例，进一步说明。2015 年，百度世界大会上，李彦宏表示百度的未来在于服务而非搜索领域，宁愿为了未来的长远发展而牺牲眼前利益。李彦宏指出，百度当务之急是发展 O2O 业务，而且一定要抓住这种机遇，他甚至用“战争”二字来形容这个领域的激烈竞争。他声称，如果美国投资者仍然不认同百度的价值观，不排除有一天从美国退市的可能性。2016 年，李彦宏在百度大脑计划的基础上，开始全面布局人工智能，2017 年 1 月 17 日，百度宣布，任命陆奇担任百度集团总裁兼首席运营官，正式开启未来 10 年人工智能战略。2017 年春节期间，李彦宏把内容分发、连接服务、金融创新、人工智能列为百度的四大核心战略，以迎接新时代。种种发展表明，互联网巨头在迅速发展，已转向了新的领域和新的方向，一直在创新中发展。为此，传统该怎么办？

只有成为新赛场的主导者，才能从根本上解决传统媒体面临的发展困局。那么，面对新的重大机遇，媒体的新赛场在哪？

百度的新战略、马云的5个“新”、微信的小程序，全部指向了同一个方向，与实体经济深度融合，建立线上和线下高度融合的全新商业生态。

智慧县域融媒体平台将紧紧围绕“一个中心、三大核心平台、五大战略体系”，打造以“传播矩阵、政务服务、县域电商、产业发展及大数据应用”等为基础、集“现代传播体系、优质产业发展和智能经济秩序”于一体的航母平台。核心是根植于县域，建立“人—科技—产业”高度融合的商业生态。

四、智慧县域融媒体平台建设的重要性

（一）智慧县域融媒体平台建设的紧迫性

2016年12月，中共河北省委办公厅、河北省人民政府办公厅联合下发了《关于加强对各级新闻媒体财政支持的通知》，通知引起广泛关注。

面对新媒体的冲击，电视的开机率直线下降、主流人群大量流失、广告等营业收入断崖式下滑，而县域广电的生存状况更为惨烈。河北140家县级媒体，近几年经营性收入下降60%以上，负债经营的占90%以上，大部分采编设备亟须更新升级。

建立现代传播体系，县级广电不能缺席，县域现代传播体系是国家现代传播体系的重要组成部分，它在传播党和政府的声音、传承社会文化、监督社会环境、引导社会舆论、提供观众喜闻乐见的区域性文化产品等方面，以及服务地方党委、政府中心工作，满足本地受众信息需求等方面，起到了不可磨灭的作用。县级广电要面对市场，方能焕发勃勃生机。县级广电沉睡在一座座金山之上，只是开发金矿的方式已然不同于传统方式。

而且，新媒体的发展并不是想象中那般美好，若干年来，一些新媒

体持续亏损，被其他公司收购之后，依然没有堵上亏损的黑洞；有的新媒体还陷入了巨大的风波，虽然其引入了高额的战略投资，未来几何，还未可知。2016 年，炙手可热的直播平台，随着监管制度的完善，也逐步陷入盈利的困局。褪去资本的浮华和典型案例及行业翘楚，绝大部分新旧媒体处在同一起跑线上，新旧媒体都处于交替期。

不同的是，新兴媒体高举技术和资本的大旗，快速发展，从而改变了舆论生态。

可喜的是，媒体发展的战略高地和落地资源，实实在在地落在县级媒体身边，这些资源也是互联网巨头争夺的焦点，是其与生俱来的优势资源，是占领新高地的核心资源，是县级媒体获得可持续发展的坚强保障，是主流媒体主导媒体格局和舆论生态的新基石。但是，市场所留的时间并不多，县域媒体融合及相关平台的建设刻不容缓。

（二）智慧县域融媒体平台的社会效益

县域人口众多，是我党新闻舆论工作的重心之一。智慧县域融媒体平台将根植于县域为百姓提供个性化资讯、弘扬主旋律、培育良好的文化氛围，抢占舆论宣传的制高点。

此外，智慧县域融媒体平台将为打造自主可控、盈利模式清醒、传播力强的新型传播平台起到示范或引领作用。

近年来，以互联网为代表的新兴媒体已成为新闻竞争的主战场，成为党舆论工作的新阵地。

2014 年 8 月 18 日，中央全面深化改革领导小组第四次会议审议通过了《关于推动传统媒体和新兴媒体融合发展的指导意见》，此后，各级传统媒体高歌猛进，纷纷以微博、微信和新闻客户端为主要手段，全面融入互联网。中国社科院新闻与传播研究所 2016 年 6 月发布的《中国新媒体发展报告》显示：传统媒体微博 17323 个；泛媒体类公众号超过 250 万个；全国的主流媒体客户端达 231 个。不可否认的是，传统媒体的“两微一端”正改变着舆论格局，成为引导舆论、维护国家安全和社会稳定的重要窗口。

然而，我们需要正视这样的一个事实：传统媒体尽管有数量庞大的微博号和公众号，但是与各大网络媒体相比、与海量的自媒体群体相比，依然是沧海一粟。

面对新的竞争环境，传统媒体的融合策略，不能只局限于依托商业平台，成为微博和微信的“打工者”，更需要建设自主控制和舆论引导的全新平台，营造良好的舆论氛围和文化氛围、弘扬主旋律、传递正能量。

河南广电智慧县域融媒体平台和县域现代传播体系已经具有一定的规模，需要建设的“中央厨房”已经有相对成熟的样本，在“中央厨房”工作平台、技术支撑体系、内容管理系统和传播效果监测反馈系统等基本标准的基础上，其重点设计了三大核心平台和五大战略体系，诸多力量相互作用，可以跨越媒体融合盈利困局。此外，县域媒体的优势和战略性资源相当显著，智慧县域融媒体平台是主流媒体重掌传播平台的突破口，是主流媒体“弯道超车的最佳赛道”。

（三）智慧县域融媒体平台的经济效益

智慧县域融媒体平台是媒体融合的平台、产业融合的平台、服务融合的平台和经济融合的平台。

智慧县域融媒体平台是媒体融合的平台。它以广电的传播力、公信力和影响力为基础，融合多平台、多屏幕、多终端的媒体形态，着力推动县域媒体生态系统建设，建立统一节目编排、统一呼号、统一经营管理、统一传播党和政府声音的县域现代传播体系。

智慧县域融媒体平台是产业融合的平台。它依托科技力量与产业深度融合，延伸传媒产业链，用传播力撬动产业力，用产业力推动传播力，让县域电视焕发新活力，成为县域经济建设、政治建设、文化建设、社会建设和生态文明建设的核心力量。

智慧县域融媒体平台是服务融合的平台。它汇聚“传媒—科技—产业”的力量，凝心聚力建设数字城市、政务服务和科学普及等惠民工程，提供农业大数据分析、农产品交易服务，以及城乡旅游、农村金融、农民双创、教育培训、舆情监测、论坛活动等服务。

智慧县域融媒体平台是经济融合的平台。它重点聚焦精准扶贫、农村供给侧结构性改革、县域实体经济发展等领域，助力县域经济找准新方位、新赛场和新路径，构筑优质的县域商业生态系统和新型的县域经济发展体系。

上述四大平台让广电的传播力、公信力和影响力通过各种方式、各种渠道深入人心；通过增强广电的服务能力和产业实力，拓展媒体的核心竞争力和竞争优势；促进县域传媒整合资源，推动县域媒体和新兴媒体以惊人的速度、力度、广度和深度融合发展。

基于这四个层面的融合，智慧县域融媒体平台的盈利模式更加多种多样，除了广告模式以外，还有产业模式、服务模式、数据模式及助力智慧城市建设，智慧县域融媒体平台可以根据发展的需要自由选择盈利模式。这些模式是基于河南电视台新农村频道多年实践的总结。新农村频道很早就审时度势，探索广告以外的多种盈利渠道。2014 年 7 月，新农村频道与鲁西集团达成了战略合作关系，通过农业专家对河南不同区域土壤进行测试，并结合当地农民朋友的施肥需求，针对河南市场定制开发和生产了“黄河人”复合肥料，深受农民朋友的喜爱。近两年，“黄河人”复合肥的销售额在 7000 万元左右，更为重要的是，以“黄河人”复合肥为基础，新农村频道在全省开发了 2700 多个销售网点，这些销售网点汇聚成农机农技综合服务平台，其市场价值相当显著。

五、智慧县域融媒体平台的技术路线

（一）系统架构

媒体融合的龙头工程是“中央厨房”的建设，纵观国内的“中央厨房”，有以下两方面的不足。

（1）“中央厨房”是一个封闭的工程，是一个信息孤岛，为本单位的媒体融合产品，不同单位的“中央厨房”之间没有关联，其开放性和开源性不足。各个“中央厨房”之间缺乏互联互通。

（2）“中央厨房”的建设，局限于传播层面，局限于信息链，没有“创新链、产业链、资金链、政策链相互交织、相互支撑”。

当前，广电行业乃至媒体行业的新经营模式正在从以信息流为基础的“内容为王，广告为主”转向以大数据为基础的“服务为王，产业为主”。显而易见，“中央厨房”号称为平台，其实质是一种产品，孤立的“中央厨房”很难积累大数据资源，而局限于传播层面的“中央厨房”则很难拥有自我造血功能。

智慧县域融媒体平台的龙头工程也是“中央厨房”，但是与当前主流的“中央厨房”有着很大的区别，如图2－1所示。

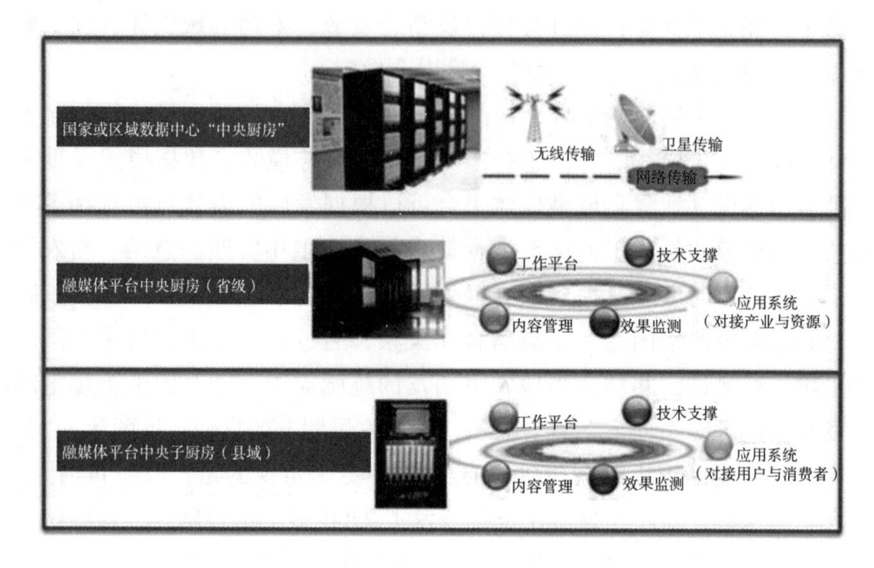

图2－1　智慧县域融媒体平台系统架构

其主要表现在以下三个方面。

（1）融媒体平台的“中央厨房”采用开放式架构，对接国家或区域数据中心，对接开放式的国家或区域“中央厨房”，这为平台的开源式发展及共享区域或国家层面的大数据资源、服务资源和产业资源奠定了坚实的基础。

（2）县域“中央厨房”既传承了主流媒体中央厨房的精髓，又有自己的独到之处。县域“中央厨房”与信息孤岛式的“中央厨房”最大的不同之处体现在，县域“中央厨房”由省级广电媒体的“中央厨房”和各县广电媒体的“中央子厨房”构成，它是一个互联互通的开放式平台，省、县两级广电媒体、平面媒体和各类新兴媒体可以轻松入住平台，各县无须重复建设，即可以搭上新技术平台的快车道，构建县域现代传播体系，形成既可以全省联动又可以精准分发、本地化传播的大平台，以“围绕中心，服务大局”。此外，县域“中央厨房”天然地与县域服务、县域经济高度融为一体，盈利模式多种多样。

（3）县域广电的核心优势体现在社区化动能、精准化传播和本地化资源。智慧县域融媒体平台的“中央厨房”除了工作平台、技术支撑体系、内容管理系统和传播效果监测反馈系统等基于传播层面的基础工程以外，还将深度开发应用系统，包括三大核心平台和五大战略体系，其天然地将传播资源和服务资源及产业资源融为一体。其中，省级“中央厨房”的应用系统偏重于精准对接产业与各类资源，县域“中央子厨房”则偏重于对接本地用户与消费者。

（二）平台架构

智慧县域融媒体平台的平台架构如图 2－2 所示。

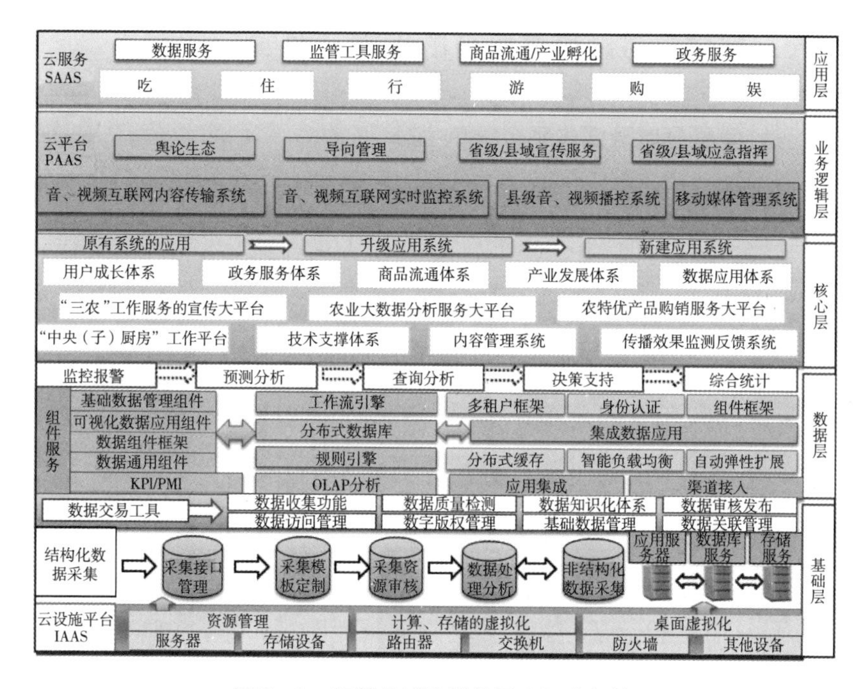

图 2－2　智慧县域融媒体平台平台架构

该平台架构基于云计算架构而设计，具体如下。

（1）从 IAAS（基础设施即服务）的角度来说：支持海量、实时、深度的数据采集、处理分析、挖掘模拟、决策支持，以及音视频传输和发布等功能。

（2）从 PAAS（平台即服务）的角度来说：支持开放式服务平台，易于创新、转移、扩充、开发、集成和维护，并为针对个人、家庭、县域(社区)、社团、企业和政府的应用软件和商业模式提供系列服务。

(3) 从SAAS（应用即服务）的角度来说：详细记录居民生活的历史轨迹、科学计算居民生活的最优路径、精确提供给居民最佳资讯、全面保障居民生活高效、高质。

基于此，实现“三农”工作的服务宣传、农业大数据分析服务、农特优产品购销服务，以及音视频互联网内容传输、音视频互联网实时监控、县级音视频播控、移动媒体管理和数据服务、政务服务、产业孵化等。

六、智慧县域融媒体平台的生态与发展

(一) 智慧县域融媒体平台绿色生态

智慧县域融媒体平台的绿色生态如图2-3所示。

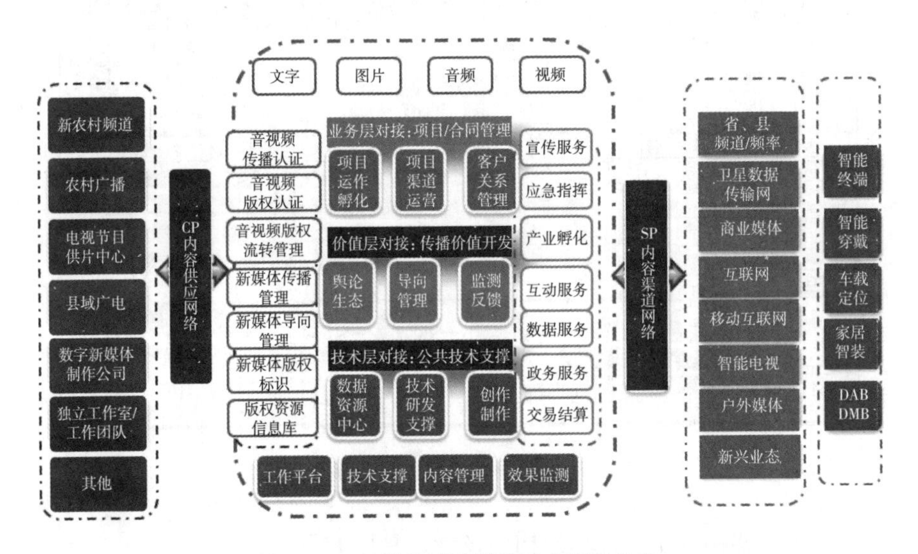

图2-3 智慧县域融媒体平台绿色生态

智慧县域融媒体平台的绿色生态即以原有系统的应用为基础（体现为新农村联播网），通过改造、升级及新建技术平台，实现从传统广电传播链到数字音视频产业链的自然过渡，建立以主流媒体为主导、以移动

端为核心的绿色传媒生态。

同时，它以“音视频”为切入点，逐步拓展至“图文”，并以“视听图文”为媒，以平台为发展航母，资源共享、互融互通、集群发展，为各类机构、政府和企业提供优质服务，帮助传统企业转型升级，孵化或培育新的产业业态；将智慧县域融媒体平台打造成以“传播矩阵、政务服务、县域电商、产业发展以及大数据应用”等为基础、集“现代传播体系、优质产业发展和智能经济秩序”于一体的平台级“航母”，如图2－4所示。

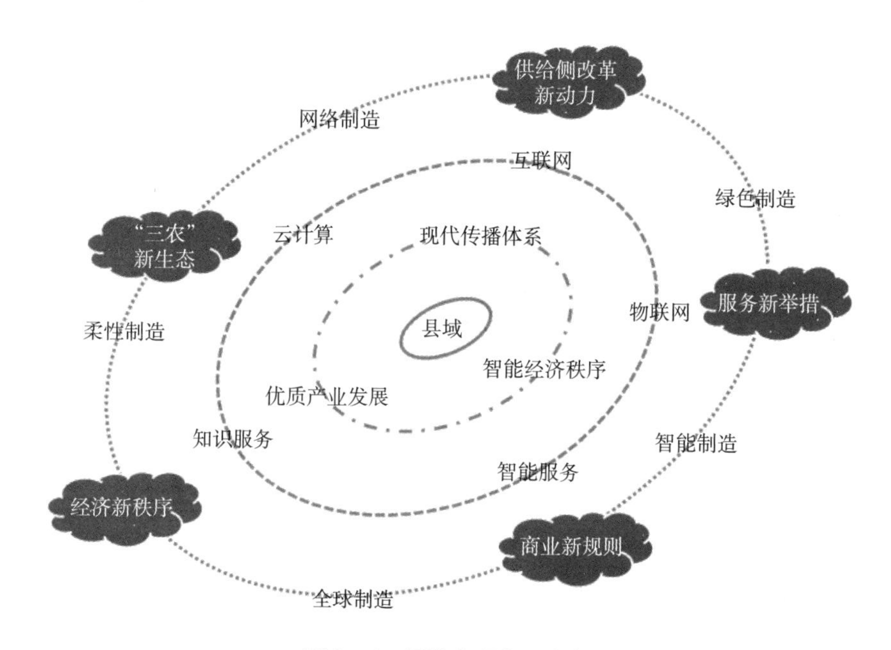

图2－4　县域文明发展生态

智慧县域融媒体平台以县域为中心，使得平台在倡导绿色、健康生活和绿色传媒环境的同时，与柔性制造、网络制造、绿色制造、智能制造、全球制造等融合发展，与互联网、云计算、物联网、知识服务、智能服务等协同创新。简而言之，本项目的技术方案既立足于现实，又着眼于未来。

（二）智慧县域融媒体平台发展空间

在媒体新生态下，广电行业“做节目、卖广告”的传统经营模式正在遭遇塌方式下滑；同时我们应当看到，未来5～8年，当互联网巨头完成下一代互联网布局，广电行业当前摸索的新模式：多元化经营及产业合作也将遭遇困局，所以智慧县域融媒体平台需要找到根基性的发展空间。

智慧县域融媒体平台的发展空间如图2－5所示。

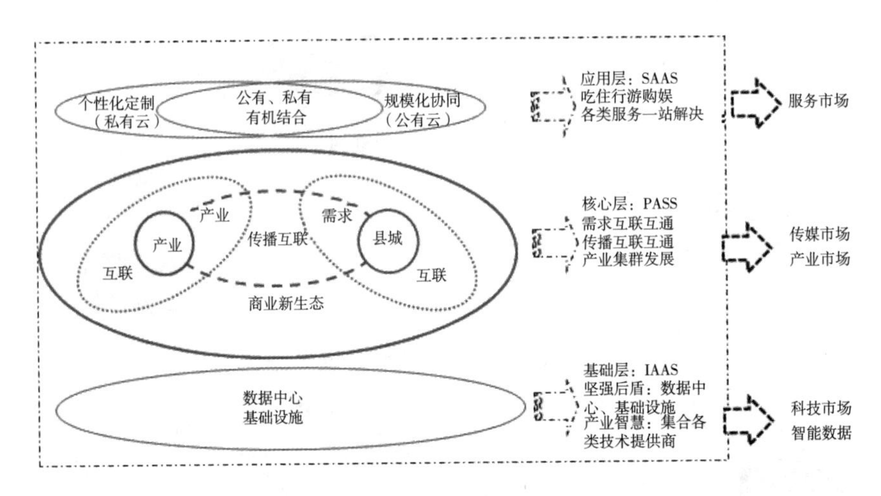

图2－5　智慧县域融媒体平台发展空间

如图2－5所示智慧县域融媒体平台的发展空间不再局限于传媒市场，不再只依托于以广告作为主要收入来源。同时，它与县域需求深入融合，智慧县域融媒体平台因此有着多维度的发展空间，包括智能数据、科技市场、产业市场、传媒市场和服务市场等。

案例2　以“中央厨房”为龙头
构建县域现代传播体系

县级广电如何走，本节以河南广电的探索为例，围绕构建县域现代传播体系给出思考。

一、县级广电的发展困局

河南的县级广播电视台数量有108个，覆盖人群约1亿人，但影响力普遍较弱，且发展很不均衡。据粗略统计，有10%左右的县级台基础较好，人员稳定，节目制作水平较高，能够实现良性运转。这得益于地方财政的大力扶持，以及产业运营有较强的“造血”能力。但80%以上的县级台均面临着人才匮乏、技术装备落后，节目制作水平低、影响力弱等现实困难，个别县级台一度出现长期拖欠员工工资等情况。这些问题的出现已严重制约县级广电的稳定和发展。

（一）赢利困局

面对新兴媒体的冲击，全国各级广电都遇到了前所未有的发展困境和生存挑战。其中，县级广电更是“雪上加霜”。本书前文已经指出，全国县级广播电视台共有2800多家，数量占全国广播电视台的97%，但广告经营收入却仅占3.3%，规模和创收严重倒挂。创收持续下滑直接导致专业人才流失、技术更新停滞、影响力大幅下降等严峻问题。

（二）技术困局

技术装备落后是县级广电面临的普遍问题，但这并不是最为紧迫的。面对互联网的冲击，县级广电重塑县域媒体生态和舆论格局，需要以移动媒体为先，建立全新的信息通路。但对于挣扎在生存边缘的诸多县级广电来说，几乎没有能力建立全新的技术支撑体系和技术团队，以适应新的发展需要。

（三）模式困局

即便个别县级台有实力建立全新的信息通路，但沿用旧思路和旧模式发展县级广电仍然没有出路。第三方监测数据显示，湖北广电投入巨资打造的“长江云”，天津市举全市之力打造的“津云”，其 APP 安卓端下载量并不理想。省级媒体尚且如此，县级广电发力“两微一端”，更是举步维艰。当前主流的“两微一端”模式只是被动之计，单纯依托于此，只能做实传统媒体成为新兴媒体“打工者”的角色，不算良策，谈不上主动求新求变。当然，各级和各类传统媒体，需要融入新兴媒体、入驻新兴媒体平台，但更要有大格局、大思路和大手笔。

（四）孤岛困局

目前，与新媒体融合发展已成传统媒体的共识，开设了数量庞大的微博号、公众号、头条号等，但是与各大网络媒体相比、与海量的自媒体相比，仍然是沧海一粟。

（五）财政困局

一方面，“加强对各级新闻媒体财政支持”只能解一时之需，并不是长久之计。另一方面，即便是互联网巨头，其转型成本或试错成本也是巨大的，县级广电没有充足资金在试错中前行、实现全新的转型。

二、县级广电的发展基础

由于历史原因和行政管理体制原因，长期以来各级广电相对独立，关联较少，尤其是县级广电，受地域的限制，在发展中更是各自为战，甚至是“孤军奋战”。目前，河南省各县（市）已经基本完成了广播电视的整合，多为局台合一模式，或叫广播电视台，或叫广播电视中心，或叫文广新局。体制也不相同，少数台实行的是财政全供编制，大多数台为“混岗”编制。“混岗”编制的县级台大多数已成立经营类公司，开展一些经营活动。实行财政全供的县级台，多数未成立经营类公司，广告创收为主要收入（纳入财政收入）。由于利益驱动力不足，在市场竞争中单打独斗，每家都显得势单力薄、生存困难。

（一）“共赢发展”是县级广电融合发展的基本思路

河南广电推进县级广电融合发展的基本思路是“搭建平台、整合资源、融合产业，共赢发展”，以节目带广告、以项目带产业，最终以发展促共赢，将县级广播电视台的一叶叶扁舟，升级重组为县域广电的新“航母”，在全国县域广电收入断崖式下滑的关键时刻抱团取暖、共赢发展，以实际行动探索县级广电融合发展的新模式。

河南县级广电的融合发展的实现路径为：在盘活县级广电可经营性资源的基础上，引入新兴技术，并以此为依托让县级广电与新兴媒体深度融合发展。同时，彻底摆脱单一依靠广告收入作为主要生存支柱的传统盈利模式，以产业为依托拓展多维度盈利空间，以平台为依托建立全新的发展模式。

（二）河南广电县域融媒集团顺利组建运营

河南广播电视台在准确把握媒体格局的变化、深入了解县级台实际情况的基础上，提出了组建河南广电县域融媒集团的设想。在河南省委宣传部的支持下，河南广电县域融媒集团组建工作得以顺利进行。2016年9月，经过多方分析、论证，最终确定由河南广播电视台新农村频道、河南广播电视台农村广播、河南省新闻出版广电局电视节目供片中心三家单位牵头，组建河南广电县域融媒集团。2017年4月，河南广电县域融媒有限公司注册成立，与县级台的合作随之全面展开。

（三）县级广电融合发展的基础稳固，推进迅速

河南广电县域融媒集团与县级广电的融合过程非常顺利，两个多月时间就与98家县级台达成了合作意向，最终确定与62家县级台进行深度合作。高效推进的背后，一方面是县级广电迫切需要联合省级广电进行突围解困的愿望；另一方面主要得益于河南省广播电视协会县级台工作委员会、河南广播电视台新农村频道多年“深耕”县域，与县级广电的深入合作密不可分。

河南省广电协会县级台工作委员会是河南省广电协会下设的工作委

员会之一，由河南广播电视台新农村频道主办，为会长单位，河南广播电视台农村广播、河南省新闻出版广电局电视节目供片中心为副会长单位。自2011年8月成立以来，县级台工作委员会依托河南广播电视台新农村频道的影响力和带动力，与全省100多家县（市、区）广播电视台建立了良好的合作关系。多年来，县级台工作委员会充分发挥组织协调和引领带动作用，从行业奖项评选、节目资源共享、广告携手推进、产业联合经营等多个方面与县级台开展了扎实有效的合作，既提升了县级广电的节目创作水平，又为县级台带来了可观的经济效益，为县级广电的融合发展积累了经验、奠定了基础。

1. 启动县级台新闻奖评选，凝聚县级广电向心力

从2011年起，河南省广电协会设立县级台新闻奖项——“河南省县级台新闻奖”，至今已经连续评选6届，参评县级台数量逐年增加。这个奖项的设置不仅激发了县级广电的业务创新能力，而且为全省县级广电从业者拓宽了职称晋升渠道，使县级台的凝聚力空前提升。

2. 畅通节目播出渠道，搭建宣传服务平台

县级台工作委员会和河南广播电视台新农村频道不断畅通和完善县级台节目在省级广电的播出渠道，新农村频道先后在主打新闻栏目中开设节目版块，每天播发县级台传送的时政、涉农及社会新闻等，日均30~50个县级台传送节目已成为常态。2017年，新农村频道再次对县级台新闻的使用进行大胆整合，重磅打造日播30分钟《市县新闻联播》栏目，深受各县市人民群众的欢迎。

3. 直面经营压力，联合招商引领产业转型

面对县级广电的广告和产业经营压力，县级台工作委员会与新农村频道联手进行广告招商，同时做好产业引领，为县级广电带来了真金白银的收益。通过产业经营不仅弥补了县级台广告创收的不足，更培养了县级台产业经营的意识和思路。

4. 不断拓展与新媒体的融合，引导县级台拥抱新媒体

2016年，河南广播电视台新农村频道联合北京清博大数据公司推出了“河南广电县域新媒体聚合榜”，对所有县级台新媒体公众号进行聚

合，每周一发榜，对点击量、阅读量等进行排名。大数据背后的新媒体融合思维已经潜移默化地影响县级广电，并正在形成新的营收增长点。

总之，通过县级台工作委员会多年来不懈地引导和示范，县级台在宣传联动、产业经营和新媒体融合等方面已初步具备了融合发展的理念和信心，县级广电的融合发展有了较为牢固的基础。因此，河南广电县域融媒集团的成立与推进可谓是水到渠成。

三、河南广电的创新性举措

（一）搭建河南广电“智慧县域融媒体平台”

河南广电人清醒地认识到：电视广告收入断崖式下滑的趋势未来几年不可逆转。在多年实践的基础上，河南广电联合北京印刷学院的专家资源和北京吉客多科技有限公司的技术资源、渠道资源、产业资源和创新模式，确定了全新的发展举措：一方面，传统媒体必须以新兴技术为依托与新兴媒体深度融合发展；另一方面，广电要摆脱传统单一依靠广告收入作为主要生存支柱的盈利模式，需要以产业为依托拓展多维度盈利空间，以平台为依托建立全新的发展模式。而突破口是响应国家媒体融合战略，为县级广电建设以“中央厨房”为龙头的融媒体平台，即“智慧县域融媒体平台”，以抢占新一轮科技革命和产业革命的制高点，带动县级广电融合发展。其核心举措是以省、县广电为基础，搭建好“中央厨房”，并以“中央厨房”为连接器，整合省、县新兴媒体资源，构建县域现代传播体系。

1. 新基础：一县一个“中央厨房”，一县一个融媒体平台

“智慧县域融媒体平台”是根植于县域、以“中央厨房”为龙头的融媒体平台。县级广电如果各自搭建自己“中央厨房”，一方面资金、技术难以解决，另一方面重复建设、造成资源浪费，再者也难以形成规模效益。为此，河南广电联合北京吉客多科技有限公司，为每个县搭建一套“中央厨房”，一县一个“中央厨房”，一县一个融媒体平台，各县免费使用，技术免费升级，河南省 108 个县、108 个“中央厨房”，108 个“中央厨房”互联互通。

2. 新核心：以“中央厨房”为连接器，组建新媒体矩阵

智慧县域融媒体平台建设的核心是在为各县建好“中央厨房”的基础上，以“中央厨房”为连接器，整合县域内的新兴媒体资源，包括各类新闻客户端、微博账号、微信公众号、手机报、手机网站、移动电视、网络电台等，形成载体多样、渠道丰富、覆盖广泛的县域全媒体矩阵。

108 个“中央厨房”控制着 108 个县的全媒体资源，108 个立体多样的全媒体矩阵同时在中原绽放。

3. 新目的：108 个“中央厨房”组成县域现代传播体系

媒体融合的目的是建立现代传播体系，智慧县域融媒体平台是手段，建设县域现代传播体系才是核心，108 个全媒体矩阵率先组成了全国县域现代传播体系。同时，108 个“中央厨房”互联互通，由省级“中央总厨房”统一调配资源，省、县两级广电媒体和新兴媒体在传承中合纵连横、在创新中深度融合，以牢牢围绕中心、服务大局。

实际上，这一模式甚至可以拓展至河南省 158 个区县，即 158 个区县、158 个“中央厨房”、158 个全媒体矩阵及现代传播体系。

4. 新发展：新渠道、新服务、新商业、新数据和新秩序

智慧县域融媒体平台的发展是以县域现代传播体系为依托，打造以“传播矩阵、政务服务、县域商业、产业发展及大数据应用”为基础、集“现代传播体系、优质产业发展和智能经济秩序”于一体的平台级“航母”，建立支撑智慧县域发展的新渠道、新服务、新商业、新数据和新秩序。

（二）智慧县域融媒体平台的发展体系

在搭建智慧县域融媒体平台，谋划县域现代传播体系的同时，河南广电还提前布局，聚合广电资源和产业资源，为智慧县域融媒体平台的发展奠定坚实的基础。

1. 以广电资源为依托的新农村联播网

河南广电县域融媒集团在推进之初，就依托三家牵头单位的节目和宣传资源，按照制播分离的模式搭建宣传服务平台。具体方法是合作县

级台各拿出一个在播的电视频道，组建“新农村联播网”，并在此基础上进行广告产业开发，这个宣传服务平台就是“新农村联播网”。和其他省份一样，河南县级台在播的电视频道几乎都在两个以上，由于广告市场萎缩，商业价值承载力下降，“多开频道多挣钱”的时代一去不返，主频道以外的频道成了“鸡肋”甚至是负担。因此，县域融媒集团选择与县级台的非主频道合作，一定程度上缓解了县级台的经营压力，并带来了持续增收的希望。

新农村联播网采用“中央厨房”的模式运作，节目宣传、形象推广、广告经营、产业开发等统一进行，科学的统筹管理更有利于高效运作。新农村联播网从 2016 年 12 月 1 日起开始试播，2017 年 1 月 1 日正式开播，首批合作的县级台共有 62 家，占河南县级电视台的“半壁江山”，遍布十几个地市包括部分省政府直管县（市）。新农村联播网试播后，河南广电县域融媒集团先后在北京、郑州及山东召开多场优势资源推介会，县域电视融媒体宣传服务平台受到众多广告商家和风投公司的关注，客户对合作充满了期待。

在新农村联播网的运营中，河南广播电视台新农村频道、河南广播电视台农村广播作为省级广电媒体，充分发挥示范带动作用；河南省新闻出版广电局电视节目供片中心则解决了县级广电的节目源问题。由此搭建的新农村联播网是为全省“三农”服务的大平台，是县级广电自有的宣传大平台，是县域应急指挥的大平台，是省、县两级广电融合发展的大平台。通过新农村联播网，接地气、聚人气的电视节目可以走进千家万户，满足县域群众精神文化需求；“三农”服务信息会直达县域，服务农业、农村和农民；通过新农村联播网，各县市的宣传工作可以在全省县域横向扩展，增强区域影响力；中央、省委的宣传精神可以直通县乡村镇，快速高效且深入人心。2017 年，河南广电全媒体系列评论“打赢大气污染防治攻坚战”，由河南广电县域融媒集团协调，迅速在全省 90 多个县广播电视台安排播出，在全省形成了声势。因此，新农村联播网的搭建可以全面提升县域媒体的舆论引导能力，抢占媒体融合发展的新高地。

2. 以产业资源为依托的产业体系开发

河南广电县域融媒集团基于整体规划和布局，以产业经营为抓手，探索产业经营的新思路和新模式。河南广电县域融媒集团成立以来，尝试推进了多个产业项目，如《打工直通车》智慧就业平台项目、富士康夏普电视直营项目等。

以《打工直通车》项目为例，该项目针对省内外用工市场“用工荒、招工难”现象，将产业关注点瞄准农村蓝领用工市场，河南广电县域融媒集团联合实力较强的人力资源公司共同推进，通过安置在村头的就业终端设备，让老百姓足不出村实现打工梦想，并且省内外工作岗位任意挑选，顺利就业后还能享受打工补贴。该项目由县域融媒集团与县级台联合推进，由县级台主导在县市设立“打工直通车县市运营中心”并负责项目的落地运营。按照规划，该项目将在河南所有县市进行推广运营，在响应省委省政府“打赢脱贫攻坚战”号召、践行“精准扶贫，就业先行”理念的同时，取得经济效益与社会效益的双丰收。

另外，河南广电县域融媒集团与富士康夏普合作的家电直营项目也已进入实质性推进阶段。河南广电县域融媒集团作为夏普电视全国电视购物渠道总经销，销售运营其品牌系列产品。该项目已与全国十几家电视购物频道合作，销售夏普电视；同时，与河南省内市县电视台共同推进线上购物与线下销售活动。据估算，该项目的年纯利润将达到1500万元以上，将成为河南广电县域融媒集团产业增收的新的增长点。

目前，河南广电还在积极尝试推进其他产业项目，正努力探索一条适合河南县级广电发展的产业体系。诸多网点、产业、人力等资源将为智慧县域融媒体平台的蓬勃发展奠定坚实的基础；更为重要的是，县域现代传播体系和产业体系的高度融合，将为县域经济的供给侧结构性改革带来全新的解决方案。

四、总结

扎扎实实地以全新的举措层层布局、步步为营，河南广电正在走一条全新的道路，正在开拓全新的赛场，并且成为“新的竞赛规则的重要制定者、新的竞赛场地的重要主导者”。在新赛场，“中央厨房”是传统媒体弯道超车的核心平台；“中央厨房”是构建现代传播体系（包括县域现代传播体系）的龙头工程；“中央厨房”是调动新兴媒体“为我所用，听我调遣”的大脑；“中央厨房”是传统媒体重塑媒体生态和舆论格局的有力抓手。深化市县媒体改革，建好、用好“中央厨房”是基础，核心是组建新媒体矩阵，目的在于构建县级现代传播体系，并建设以现代传播体系为依托的新渠道、新服务、新商业、新数据和新秩序。

专题三
互联网 + 新闻出版业：重塑全球经济结构的核心力量

面临新一轮科技革命和产业变革的重大机遇，我们需要重新解读新闻出版业的产业地位，需要从产业地位和产业发展的角度，以及从制度和产业融会贯通的角度，探讨新的模式。在探讨新模式的时候，没有可以借鉴的有效方案，但是其他行业的发展为我们提供了可以借鉴的教训。

本章着眼于国有资产管理体制改革的历史和实践；着眼于文化体制改革的实践；着眼于新的技术和新的发展；着眼于国家的战略需求，以新闻出版业主管主办制度和出资人制度的衔接问题为主线，力图开拓创新，从国家战略需求和新闻出版业国家责任的高度入手，提出了新的发展思路。

一、新闻出版业：新竞赛场地的重要主导者

“深化文化体制改革”的目的是为了“推动社会主义文化大发展大繁荣”，但同时，我们应当看到，其背后有着深层次的国家需求。

新闻出版业是促进产业和经济竞争赛场发生转化的核心引擎之一，是新竞争规则的重要制定者之一，是新竞赛场地的重要主导者之一。之所以这么认为，是基于如下理由。

（一）中国经济发展格局的忧思与曙光

2001 年，中国正式加入世界贸易组织（WTO），这为我国的经济发展带来了活力。同时，国外大企业集团组团采用“我中有你、你中有我”的模式，投资中国各行各业。

在我国互联网发展早期，外资大量涌进中国，加速了中国互联网的萌芽，促进了我国互联网产业的发展，推动了中国互联网与市场接轨、

与国际接轨。但同时，外资通过金融资本在系统集成行业占据了优势地位。当时“全球十大互联网企业”中我国有三家入围，即百度、腾讯和阿里巴巴，其旗下各公司或业务也有外资入股。

而新闻出版业由于其具有产业属性和意识形态双重属性，特别是在我国主管主办制度和出资人制度政策的双重保护下，一直以来，外资未能进行入股。

（二）新闻出版业与相关产业的融合

2014年，当搜索行业的“中国国家队”——“即刻”和“盘古”落入合并、整合时，我们应该看到，互联网是一个高度融合的平台。2014年各大网络巨头携巨资加紧布局O2O（Online To Offline，线下商务与互联网结合）模式，开始了新一轮的发展布局。基于此，主流媒体需要有效的竞争策略。

互联网巨头的O2O发展模式，从产业链的角度来说，互联网企业加紧了向“产品或服务的提供商”领域实现一体化拓展。一旦这种布局完成，即可基于现有数据库以低成本实现对传统中小企业的精准投资和控股。

2011年，党的十七届六中全会上提出，要推动文化产业与相关产业的融合发展；2014年2月，国务院印发了《关于推进文化创意和设计服务与相关产业融合发展的若干意见》，为新闻出版业明确指出了新的发展方向。

由于体制和机制的原因，新闻出版业更多的是被纳入其他产业的版图之中，而不是新闻出版业纳其他产业于自己的产业版图之中。2010年，京东进入图书市场；2013年，其图书业务与亚马逊中国相当；2014年，仅次于当当，京东用3年的时间即完成了图书市场格局的转变。2014年3月20日，京东集团高调宣布：“京东出版”起航，京东出版通过分析图书的销售数据、电商数据及用户消费行为，改变传统出版领域的选题策划、营销，并在资金、技术、供应链能力、营销，尤其是大数据运用能力上处于领先地位。但从另外一个角度可以看出，新闻出版产业对其他产业的重要性不言而喻，新闻出版业与相关产业融合发展的潜力巨大。

（三）新闻出版业与科技的相互融合

新闻出版业是文化产业的重要组成部分，有关文化与科技的融合，是近年来的热点。“十二五”期间，文化改革发展中充分论证了“文化发展与当前高新技术迅猛发展严重不相适应”的重要问题。最初提出文化与科技融合，就是为了推动高新技术在文化艺术领域的应用，促进传统文化创新发展，促进传统文化产业转型升级。在“科教兴国”“文化强国”促进国家战略转型的背景下，中央进一步提出要“文化与科技融合”，是建设创造型国家，全面提高综合国力的重要途径。

科技为文化插上了腾飞的翅膀，同时文化是科技创新的内在动力。2014 年“两会”以来，国务院连续发文指出，文化是民族创造力的重要源泉，文化同样是科技创造力的重要源泉。没有创新文化氛围，不可能结束中国的“模仿”时代；没有创新文化驱动，不可能滋生科技创新的内在动力；没有创新文化的国度，不可能产生影响世界的重大原始创新，文化始终是科技创新的人文环境和土壤。国家安全、自主创新的背后，是中国民族产业和民族品牌的崛起，是中国经济格局的战略布局。

文化与科技融合，不仅仅是科技对文化做出贡献，更重要的是文化对科技创新的驱动力作用。“文化与科技融合”是一种思想，是关于新文化建设的主张，是扩大世界影响力的主要方式，是中国未来竞争力发展的主导方向；“文化与科技融合”是一种方法，是关于产业发展的新文明主张；“文化与科技融合”是一种经济增长方式，是关于新的生产力主张，新的经济发展方式主张。为此，新闻出版业更需要走在文化产业的前列。

（四）新闻出版业，掌握着最核心的大数据资源

新闻出版业掌握着最核心的大数据资源。其一，各新闻出版企业拥有大量的数据，是大数据资源的重要组成部分，但尚未被开发；其二，人的一生，尤其是前 20 年，都在不断学习中度过，主要产品来自于新闻出版企业，在一定程度上，一个人所看、所听、所学决定一个人的发展，尤其是其前 20 年所接触的新闻出版物，是一个人的根基。

当数据成为生产力，作为引导经济发展的核心引擎，成为国家安全

的重要组成部分，受到相关政策保护的新闻出版业数据是最好的数据宝藏，是最肥沃的数据土壤，是最核心的数据资源。

（五）新闻出版业的产业爆发力与国家责任

新闻出版业的爆发力和拓展力是毋庸置疑的。亚马逊早期亏钱卖书，积累了宝贵的有读书习惯、有品位的用户资源。如今，亚马逊不仅经营图书，还经营范围相当广的其他产品，已成为全球商品品种最多的网上零售商；全球著名的苹果公司，曾经濒临破产，从2001年开始，苹果公司以数字音乐和数字出版为切入点、依托“iTunes Store”音乐销售平台及其成功经验，又开发了App Store、iAd、iBook Store等平台，将产业触角延伸到各个领域，为新商业格局奠定了根基，引领数字化浪潮。

新闻出版业近年来发展迅猛，尤其是数字出版的发展，熠熠生辉。从新闻出版业的业务种类，我们可以看出，新闻出版企业的业务范畴已经不再只局限于以版权为核心的出版业务，它可以拓展至更多的领域，尤其是国务院发布《关于推进文化创意和设计服务与相关产业融合发展的若干意见》之后，以新闻出版业为代表的内容产业将有更大的发展空间。在这样的基础上，新闻出版的管理部门一定要拓展以往的业务监管范围，从国家安全、产业安全和产业的国家责任的高度，尽力站到国家战略层面来挖掘产业的发展空间、谋求整体解决之道。

新闻出版业拥有庞大的支持群体（包括企业和消费者），尤其是传统企业亟须转型、升级，这是一股强大的力量，需要以数字出版为主线，以监管为支撑，与各行业一起协同发展。同时，星星之火可以燎原，以图文和视听为基础，向人的“吃、住、行、游、购、娱”各种活动延伸，完全可以孕育出全新的经济体系、产业集群或商业模式。

这是历史赋予我国新闻出版企业的使命，我国新闻出版企业有得天独厚的政策优势。我国新闻出版企业，可以以主管主办制度为保障，通过市场层面的竞争，既可以逐步将触角渗透到成熟的产业链各环节，又可以开拓互联网空间。

二、主管主办制度：国家文化安全和产业安全的核心保障

“科技创新的重大突破和加快应用极有可能重塑全球经济结构，使产

业和经济竞争的赛场发生转换”，这句话强调科技创新和加快应用需要比翼双飞，只注重科技创新不注重行业应用，特别是民生应用，市场化前景难以开展。新闻出版业天然地与大众市场浑然一体，文化与科技的融合更为新闻出版业插上了科技的翅膀，加之新闻出版业的可控性和与相关产业高度融合性，以及其掌握的大数据资源和产业爆发力，决定了它是促进产业和经济竞争赛场发生转化的核心引擎之一，是新竞争规则的重要制定者之一，是新竞赛场地的重要主导者之一。而最关键的是，因为主管主办制度及其市场准入的保障，才有今天和今后的这些可能。

（一）经济竞争赛场转变的核心保障是管理体制

国内外的实践证明，如果以市场为先导，在正面与国际大资本抗衡，不是明智之举。我们可以在数字内容产业链中寻找市场空白之处和力量之源。

从图 3－1 中可以看出，如果局限于产业链的各环节，在产业层面采用既有的模式，将面临强大的资本和技术及激烈的市场竞争环境。何况，产业层面并不是数字内容产业链的核心，数字内容产业链的核心是信息流，所有的商流、物流和资金流都以信息流为核心，而掌控信息流的策略除了产业层面的方式外，最好的措施便是以法律法规、政策为核心的监管。其中包括主管主办制度和出资人制度。

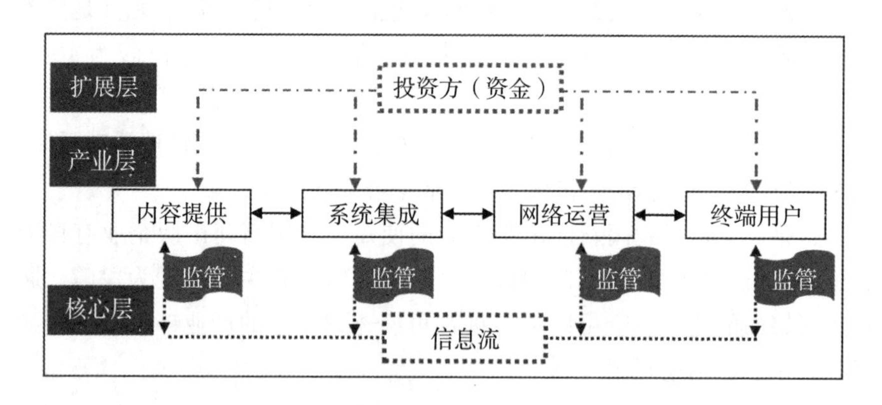

图 3－1　数字内容产业链及其核心环节

国外的实践也证明法律法规和政策是最可行和有效的方式，俄罗斯和美国就是以法律限制外国人投资互联网产业。俄罗斯政府仿效美国制定了限制外国人投资的法律。2007 年 3 月，美国众议院一致通过了加强国家对外国投资监督的法案，严格对外国投资商的立法限制。

中国面临激烈的竞争环境，需要“中国搜索”继续航行。新闻出版产业也一样，所有产业莫不如此，在互联网和大数据时代，它们需要更多产业相互配合、相互照应，更需要高效、及时、准确地亮出法律法规之剑，更需要政府政策的保驾护航。

为此，在实现市场监管的同时，要采用与市场规则相同的管理措施，待发展成熟后，再从产业层面展开正面竞争，进而拿下产业层面的控制权，以切实保障我国的网络安全、信息安全、产业安全、经济安全和国家安全。

（二）加强和完善主管主办制度是国家文化安全和资产保值增值的保障

我国新闻出版企业从文化体制改革试点开始，到 2010 年年底，经营性图书出版单位转制工作全面完成。到 2012 年年初，全国新闻出版工作会议进一步做出具体部署，按照“三改一加强”的要求继续推进新闻出版业体制机制改革。直至现在，在探索建立现代企业制度的同时，始终坚持主管主办制度。例如，按照《中共中央办公厅、国务院办公厅转发〈中央宣传部、新闻出版总署关于进一步加强和改进报刊出版管理工作的意见〉的通知》（中办发〔2008〕27 号）要求，加强和完善转制后的非时政类报刊出版单位与主管主办制度。其中“加强和完善”凸显了主管主办制度的重要地位。

新闻出版业把改革、改组、改造与创新管理相结合，把建立现代企业制度与推进政企分开、转变政府职能相结合，把转企改制新闻出版企业的管理与国有文化资产监管相结合，在这过程中，始终没有动摇的是要实现管资产和管人管事管导向相结合，确保国有文化安全和国有文化资产保值增值。这为新闻企业在国民经济中发挥更大的作用奠定了坚实的制度基础。

三、出资人制度与主管主办制度衔接难题

展望未来，新闻出版业的天然屏障奠定了新闻出版业今后的产业地

位和国家地位。但回顾过去，这也直接导致新闻出版企业在先进的理念、创新的意识、良好的体制、灵活的机制和高效的人力资源等方面存在不足。除此之外，两种制度衔接还面临着诸多现实问题。

（一）两种制度相似职能不同目的带来的难题

从现有制度设计来看，主管主办制度和出资人制度，是出版行政管理的基本制度，两者对新闻出版企业的管理职能和管理权限有很多重合之处，两者都拥有对企业主要负责人的考核任免权限、对企业重大事项的决定权、对资产的监督权。不同之处在于，主管主办制度偏重于导向管理、强调内容的控制权，而出资人制度则重于资产的监督和管理、资产保值增值和受益权等方面。这种重合和不同目的使新闻出版企业现代企业制度的建立存在一定难度。

（二）国有文化资产管理带来的双重难题

从国有资产管理体制改革的历史和实践来看，我国特有的出资人制度与西方倡导的现代企业制度如何有机衔接，一直是一个难题。2003 年，中央开始文化体制改革试点，拉开了新闻出版企业转企改制的序幕，按照国有文化资产管理体制改革的思路，要在出资人制度与现代企业制度衔接的基础上，在“管人”“管事”“管资产”基础上增加“管导向”；在出资人制度和主管主办制度的管理职能和管理权限交叉和重合的基础上，探索主管主办制度与现代企业出资人制度有机衔接，建立和完善管人、管事、管资产、管导向相结合的新型管理体制。

（三）新技术新发展带来的新问题

从新技术和新发展的角度来看，以技术为中心的“移动化”“数字化”“网络化”，以用户体验为中心的“个性化”“定制化”和以运营为中心的“自出版”“全平台”“生态链”“云计算”“大数据”“云阅读”等，新的名词、新的思维、新的概念、新的模式层出不穷、变幻莫测，出版业新型业态迭代更新适应着技术的变革、追逐着技术的脚步、迎合着用户的需求。

在新的发展面前，自然而然涌现了现实的问题。以自出版为例，它是一种新型的出版业态，一般认为，自出版是指图书或者其他形式的出版物在没有出版商按其常规出版流程进行策划、出版、发行的情况下，由作者主导推动进行出版的特殊出版业态。然而，对于出版的管理，我国现有的管理制度是《出版管理条例》。我国《出版管理条例》对出版单位的设立和管理有明确的规定，报纸、期刊、图书、音像制品和电子出版物等应当由出版单位出版。设立出版单位，应当具备下列条件：有出版单位的名称、章程；有符合国务院出版行政部门认定的主办单位及其主管机关；有确定的业务范围；有30万元以上的注册资本和固定的工作场所；有适应业务范围需要的组织机构和符合国家规定的资格条件的编辑出版专业人员；法律、行政法规规定的其他条件。审批设立出版单位，除依照前款所列条件外，还应当符合国家关于出版单位总量、结构、布局的规划。

显然，自出版游离于现有的《出版管理》条例之外，也不受“主管主办制度”的约束，然而，自出版的“自”，并不一定指是作者本身，相关机构和公司也可以以自出版的方式出版相关出版物。

除了以自出版这种出版业态出版出版物外，在现有的技术形态下，相关机构和公司可以以很多形式进行“类出版”活动，如微博和微信就是典型的方式。

登录微博和微信，满眼皆是以出版形式发布的消息。2013年8月开始，我国重手打击网络谣言，所揭露的问题令人震惊。传统的导向管理模式与新技术形态的兼容仍需加强，新的出版业态游离于现有的《出版管理条例》之外，也不受“主管主办制度”的约束。因此，出版业新型业态在传播健康思想文化的同时，一些低俗的内容也在蔓延，这导致一系列问题的产生，如知识产权和版权纠纷、个人隐私受到侵犯、恶搞持续不断、行业竞争无序、产业发展受到阻碍等。

四、主管主办制度机制创新，提高管理效能

基于新闻出版业的国家责任，基于国有文化资产管理体制改革中错综复杂的关系，基于主管主办制度和出资人制度的本质性责权，秉承系列文件关于加强和完善主管主办制度的精神，同时推进行业大繁荣、大发展，以及融合相关产业蓬勃发展，做出如下思考。

（一）主管主办制度的地位和创新发展

我国出资人制度主要依据的是《中华人民共和国公司法》（以下简称《公司法》）、《中华人民共和国物权法》（以下简称《物权法》）和《中华人民共和国企业国有资产法》（以下简称《企业国有资产法》），《公司法》对出资人的责权利做了明确的界定，《物权法》以法律的形式确认国有资产的范围及权属，对国家出资企业的出资人制度、对国有财产的保护等作出了明确规定。《企业国有资产法》对履行出资人职责的机构、国家出资企业、国家出资企业管理者的选择与考核、关系国有资产出资人权益的重大事项、国有资本经营预算、国有资产监督等做了规定。

主管主办制度则一直只出现在相关部委的部门规章和行政法规之中。虽然，1997 年被列为国家最高行政机构所颁布的法规《出版管理条例》之中，但是出资人制度来源于相关的法律，具有法律效力，其地位相比主管主办制度的法规地位而言，效力更高，层级更高，权威更强。然而，在我国，主管主办制度所管辖的是意识形态领域，其重要性是出资人制度无法匹及的。

需要强调的是，新闻出版业在不同历史时期有着不同的历史使命，而主管主办制度又有着核心的地位，所以在两种制度的有机衔接过程中，在策略执行层面，其应当回归到其应有的高度，即导向管理为根，或者说，以意识形态为核心的导向管理高于一切。

同时，我们必须认识到，现有的主管主办制度，采用的是非互联网思维的管理模式，集中地表现为产品思维模式，即一个企业一组主管主办单位，各单位往往沿用传统的媒体管理方法进行管理，创新不足。而且，主管主办单位与单位之间不能形成良好的协同效应及联动效应，使其互融互通产生 1 +1 >2 的效应。

（二）建立导向监督、监测、监管体系

主管主办制度的核心是管“导向”，实现方式是通过“管人”“管事”“管资产”的方式予以实现，这种管理方式在一定历史时候发挥着相当重要的作用，但是当资源由市场配置、人财物由现代企业制度协调；当数字技术成倍扩大了媒体传播的力度、广度和深度；原有的管“导向”

与“管人”“管事”“管资产”相融合的方式产生了诸多难题。

面对互联网的冲击，导向管理应当高于“管人”“管事”“管资产”。所以导向管理和人财物的管理是上下层级关系。为了充分发挥导向管理的核心作用，应建立以导向管理为核心的监督、监测和监管体系，具体而言，即以“政府导向、法规管理、技术监测、行业自律和全员监督”为手段的导向管理体系。

这种模式强调强化政府职能机构对新闻出版企业的宏观调控能力和控制力；通过全员监督使政府职能机构的管理力量渗透到每个角落，扩张政府职能机构对新闻出版企业的管理力度。从而形成以政策导向为龙头、以行业自律为中坚、以全员监督为主体及以法规管理和技术监测为手段的金字塔式的监管模式，提升管理和监控的效果。同时，可以对新发展和新业态进行引导和监督，促进行业健康发展。

（三）全员监督环节，制度的优化

全员监督，让“达摩克利斯之剑”时刻高悬，既是一种监督，又是一种警示和威慑，可以变静态的事前管理和事后监督为动态的即时、即刻监督和管理。当前的主管主办制度是由上而下的行政方式，需要由下至上的全员监督与之配合，构成监管的闭环，而这也是当前制度所需要优化的环节。

业界流行这样的说法：如果粉丝超过了100人，你就是一本内刊；超过1000人，你就是个布告栏；超过1万人，你就是一本杂志；超过10万人，你就是一份都市报；超过100万人，你就是一份全国性报纸；超过1000万人，你就是电视台。所以，面对数字技术的冲击，当前的导向管理面对这样的事实：“内刊、布告栏、杂志、都市报，全国性报纸和电视台”数以亿计，更具有针对性、隐藏性和不可监管性的内容充斥着市场，使管理更加困难。相比较而言，传统的书报刊，由于历史的原因，往往依法办事，远不及数字世界受到的冲击强烈。新型“内刊、布告栏、杂志、都市报，全国性报纸和电视台”是全员的平台。其全员监督和自我规范则显得尤为重要。

就新闻出版业而言，全员监督包括两个层次：第一个层次，以新闻出版从业人员为主，截至2012年年底，我国新闻出版业直接就业人数为

477.4万人（不包含数字出版、版权贸易与服务、行业服务与其他新闻出版业务单位就业人员），这477多万人，足以接触到所有的出版业态，他们深谙行业的方方面面，包括政策导向、法律法规等各个方面，如果能将导向管理融入从业人员的职业规划、职业信用、职业发展，形成以导向监督为参考因素的职业经理人制度和用人制度，势必形成良好的行业发展氛围，让违法违规无处可藏。第二个层次，以普通读者或民众为主，读者和民众参与监督，一方面是公众对优秀内容产品的需要；另一方面是公众有强烈的责任感和使命感，如保护青少年，且公众有共同的阅读享受和共同的价值归属，这些是公众监督自发力量的源泉。

（四）第三方全员监督平台，提升管理效能

全员监督需要以政策导向为核心拧成一股力量，建立第三方全员监督平台变得尤为重要。同时，第三方全员监督平台，可以集结政产学研的力量于一体，尤其是集政府导向、行业自律、民众参与的力量于一体，实现“管人、管事、管资产、管导向”的“三个结合”和“三个转型”。三个结合，即传统管理模式与网络监管模式的结合，政府调控模式和平台监控模式的融合，监管服务精准高效与产业空间同步提升的结合。三个转型，即从法律、法规控制为主转向德法互动、政策引导和行业自律、公众参与并存管理。从效率低下、力量分散“九龙治水”的管理格局转向集中调度、高效协同“多剑合璧”的监管平台。从多头管理、效率不高转向实时监、控统一服务。

这样平台将“管人、管事、管资产、管导向”和产业发展集中于一个平台之上，可以在理顺各个部门的监管职能的基础上，促进部门之间的协同；同时，可以根据发展，明确监管主体、实现归口管理，提高政府监管的效率，避免哪个各部门都能管，哪个部门都管不好的现象。同时，逐步实现主管主办制度和出资人制度的升级改造，逐步建立与现代企业制度相适应的管理制度。

五、出资人制度与主管主办制度的融合衔接

融合衔接，强调“融合”和“和谐”共存。

（一）出资人制度与创新型主管主办制度的衔接

新闻出版企业主管主办制度和出资人制度，需要理顺产权关系，厘清政府和企业之间的关系、政府与市场的边界问题，需要建立良好的激励机制和约束机制。实质是，在把握好舆论导向和意识形态的基础上，建立现代企业制度，即实现管理和发展的高度融合。当前，两者管理界限多有交叉，管理的相关规定又出自不同部委或部门之手，各部委或部门从本部门利益和思维惯性出发，沿用传统的媒体管理方法进行管理，管理的主要内容既有重叠交叉，又有矛盾之处，属于典型的“多头管理、职能交叉、权责不一、效率不高”。

出资人制度与主管主办制度的衔接，需要以主管主办制度的创新为基础和前提。前述对主管主办制度的创新提出了新的要求，实际上，这种新的模式同时可以对出资人的职能进行有效监督。也就是说，管人、管事、管资产和管导向可以同时纳入以“政府导向、法规管理、技术监测、行业自律和全员监督”为手段的导向管理体系和第三方全员监督平台之下进行有效监督。

在这样的前提条件下，可以借鉴国内外各种出资人制度，探讨“以导向管理为核心，以市场为基础的出资人制度”，在实践中鼓励以市场为基础的出资人制度的规范发展，在不触及“坚持党管意识形态，加强党对文化工作的领导”这一核心原则的情况下，在积极发扬主旋律和正能量的基础上，用激励机制和约束制度规范导向管理，充分发挥市场的力量，促进传统新闻出版企业的质的转型，让这类优质的企业和人员，加快发展的步伐，直面各种业态的冲击，凝聚各种力量和资源，以推动社会主义文化大发展、大繁荣。

（二）以导向管理为根基，建立现代企业制度

文化企业主管主办制度是一种在计划经济体制下确立的基于政府与企业“隶属关系”之上的制度安排，出资人制度则是一种在市场经济体制下基于政府与企业“法人关系”之上的制度安排。与主管主办制度相比，出资人制度在运行环境、价值取向、核心内容、管理方式、外部特征、组织模式、关系模式和维持方式等方面都有其特殊表现。它是

一种在市场经济体制下，以市场为导向配置优化资源，并主动承担企业职能，以法人治理为组织结构基础，并依法对文化企业机构实施监管的低管制、开放性的管理制度。从总体上看，主管主办制度脱胎于传统的文化事业体系，其管理模式主要是“事业管理”型体制，出资人制度则根植于现代企业制度，遵循“党政分工，管办分离，事企分开”的管理原则，体现了现代市场经济规律对文化企业运营和政府管理职能设置的基本要求。

以导向管理为根基，建立现代企业制度是要打破现有主管主办制度和出资人制度职能交叉、模糊不清的情况，重新梳理各自的管理界限，在坚持党管意识形态，加强党对文化工作的领导，保证党和政府牢牢把握意识形态工作主导权、掌握文化改革发展领导权的基础上，建立与市场相适应的现代企业制度。

（三）融合发展平台，为产业发展保驾护航

基于国家安全战略和新闻出版业的国家责任，可以通过平台的方式实现主管主办和出资人制度融合发展。融合发展平台可以秉承“开放开明、跨界融合、共建共享、集成创新”的发展理念，在国家信息安全战略背景下，以自主创新科技为基础，以国有资本为主体，以民营资本为补充，以核心层（以主管主办制度为基础）和拓展层（以出资人制度为基础）为核心，建立开放式、大众化、市场化的发展平台，在实现平台自身良好运营功能的情况下，为我国的新闻出版产业和相关产业的发展保驾护航，为中国文化产业和相关产业的发展插上思想与科技的翅膀，促进文化产业与实体经济深度融合，培育国民经济新的增长点、提升国家文化软实力和产业竞争力。

融合发展平台可以采用先进的技术，实现平台协同价值的最大化释放和可持续发展，为新闻出版产业及关联产业搭建了一个运用高科技技术和创新服务模式完美结合的公共服务平台，也借助信息技术的支撑，以最佳途径在全国范围内实现产业的资源汇聚，产业联动。

融合发展平台可以在聚集优质资源、发挥产业集群效应的基础上，积累丰富的数据资源，并依托强大的技术实现能力将若干中小企业紧密联系在一起，共享资源和收益，形成具有互补性、互相依赖性的产业簇

群。一方面有效促进资源整合，深化劳动分工；另一方面有效降低了交易费用，节约交易的时间和费用，提高效率，改变过去在组织结构上存在的产业集中度低、规模效益差、产业关联度低等问题。簇群内的企业面对的是共同的市场、共同的供应商、相似的生产技术、相同的劳动技能要求，可以极大地提高资源的整合程度，提高资源利用率，有利于资源的高效配置。

融合发展平台以新闻出版产业为切入点，最终是要建设所有产业之上的平台、所有业态之上的平台、所有消费之上的平台，因此具备推动新闻出版产业和相关产业结构调整和发展方式转变的力量，能够满足相关各利益方的多样化需求，实现提升文化创新能力、打造现代文化传播体系、促进文化大发展大繁荣的目的。它的使命是促进行业健康有序发展；引导和帮助传统企业转变经济发展模式；建设以“信任”为基础的社会主义核心价值体系和和谐社会；成为我国建设“产业强国”“文化强国”和“网络强国”的核心引擎之一。

六、主管主办制度和出资人制度的衔接方式

《关于推动新闻出版业数字化转型升级的指导意见》强调的是在产业层面进行深度动作，包括数字化、标准化、升级技术装备、打造内容资源库、建立内容投送平台等。在现有的市场格局下，产业层面需要核心层和扩展层的强力支撑。融合发展以平台为基础，可以助推产业集群发展，更可以将核心层（以主管主办为基础）和扩展层（以出资人为基础）的力量通过市场化的方式发挥到极致，如图3－2所示。

具体而言，以现有的主管主办制度为基础，发展“政府导向、法规管理、技术监测、行业自律和全员监督”为手段的导向管理体系，对新闻出版业的信息流进行统一的监测和监管，基于平台和数据，既对发展中出现的问题及时处理，又可以不留死角，让监管的触角无处不在。

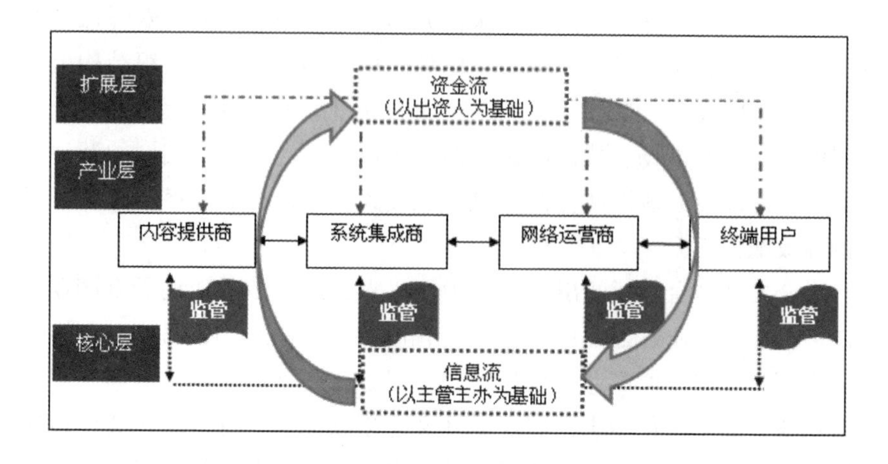

图 3－2　两种制度的融合发展方式

当前，每一个新闻出版企业都有一个主管主办单位，导向监管的力量相当分散。也极易出现各种问题。以导向管理体系为基础，可以形成合力，形成联动效应，导向管理力量互融互通，营造良好的产业发展氛围。这方面，可以借鉴微信平台的监管模式。微信平台好比国家，其公众号好比每个新闻出版企业，为了对每个微信号进行监管，微信平台在每个公众号发布的文章后面设定了一个“举报”按钮，如果受众觉得内容不合适，点击“举报”，并选择举报原因，如违背法律法规、暴力色情、诈骗和虚假信息、骚扰、其他，以及可以填写举报原因。举报后，微信平台有专人核实，如果属实，会删除该文章，如果该公众号类似的文章太多，该公众号会受到禁止、取消等处罚。

与微信不一样的是，新闻出版企业有各类形态，如对纸质内容的监管没有微信那样的便利，所以本章在论述全员监督时提出了“全员监督的两个层次”的解决方案。

在这样的监管体系下，可以设计各类监管制度，甚至法律法规，以规范市场行为，并逐步完善以导向管理为核心的监管体系，同时逐步替代现有的主管主办的模式，但是主管主办所强调的意义和核心理念并没有改变，只是在现代信息技术条件下，采用了与信息技术发展相一致的管理理念。

进一步，在规范的基础上，充分发挥市场的调节作用，让传统新闻出版企业可以自由地与资本市场相对接，同时让核心层和拓展层形成合力、互融互通，增强导向的控制力和国有资本的权益。

七、总结

主管主办制度和出资人制度的衔接一直在困难中前行，从余额宝等给金融的冲击、从电商给传统商业的冲击等可以看出，市场留给新闻出版业的调整时间不多。制度需要创新，更需要互联网思维、互联网模式、互联网速度和互联网业态的鲜度、互联网创新的活力、互联网融合的能量，总之需要与市场规则相适应的方式，并且能以不变应万变。

新闻出版业出资人制度和主管主办制度需要创新，更需要提出“中国方案”。新的方案如果执行措施到位，可以做到低成本、高效管理、高速发展。此外，可以以市场为基础，逐步促进各部委的实质性合并或融合。

面对系列安全问题，国家在行动，各部委也在行动。新闻出版可以融会贯通各支力量，而导向管理是核心和突破口，现在需要积蓄这种核心力量。

新闻出版业有意识形态领域的绝对高度，有融合的力量，有最广泛的行业基础。但是，似乎没有与之相应的产业地位，需要让上上下下意识到新闻出版业的地位和作用。此外，新闻出版业需要有更大的手笔、创新的意识、开阔的视野、灵活的机制、优秀的人才，从而充分发挥新闻出版业的影响力或作用。

案例　数字出版的商业生态与盈利模式

计算机技术、通信技术、网络技术、流媒体技术、存储技术、显示技术等高新技术带给出版业的不只是数字化的革新，更是产业链的重构和经济发展模式的变革。本节结合数字出版业在“内容的数字化、生产模式和运作流程的数字化、传播载体的数字化和阅读消费、学习形态的数字化”等层面研究成果和实践发展，通过对数字出版产业链的分析，厘清数字出版业的商业生态，并在此基础上对其盈利模式进行系统解读，为数字出版业的发展注入活力。

一、数字出版产业盈利模式与商业生态发展分析

（一）数字出版盈利模式现状分析

盈利模式是建立在良好的商业生态的基础之上的，而良好的商业生态也是产业发展的基础。中国新闻出版研究院发布的《2010—2011 年中国数字出版年度报告》指出，2010 年国内数字出版产业总体收入规模达到1051.79 亿元，比2009 年增长了31.97%。其中，手机出版为349.8 亿元，网络游戏为323.7 亿元，互联网广告为321.2 亿元，电子书为24.8 亿元，博客为10 亿元，互联网期刊为7.49 亿元，数字报纸（网络版）为6 亿元，网络动漫为6 亿元，在线音乐为2.8 亿元。手机出版、网络游戏和互联网广告在数字出版年度总收入中所占比例分别为33.26%、30.78%和30.54%。

从数据不难看出，首先，以传统出版数字化为主的出版活动，将出版介质电子化为主要手段，表现乏力。电子书、数字期刊、数字报纸三者的收入总和仅为38.29 亿元，占整体收入的比例仅为3.6%。其次，以用户价值开发为主的出版业态，或注重用户体验，或娱乐性强，或与用户核心价值体系相一致（如SNS 网络交往模式），发展态势良好。手机出

版、网络游戏收入总和为673.5亿元，加之以此为基础的互联网广告的收入，与用户价值和互联网（包括移动互联网）发展相一致的出版活动，独占鳌头。

也就是说，基于内容平台、网络或移动平台、用户平台于一体的出版活动，具有较为清晰的盈利模式。而单纯围绕内容编辑加工为主体的数字出版活动，虽然抓住了数字出版的核心优势和核心竞争力，但是不具备完备的商业生态要素，盈利模式模糊。时至今日，这一状态也没有显著改变。

（二）数字出版商业业态与盈利模式困局

所谓商业生态（Business Ecosystem），是人类在长期的商业实践中学习大自然的生态智慧而创立的一种人与自然和谐发展的商业发展模式。理论上讲，每一个区域其商业发展都有其自身的规律，在发展的过程中最终的目的是追求一种人与自然、人与商业、业态与业态、业态与其他人文商业环境等之间的和谐，最终达到生态的平衡。毫无疑问，数字出版商业生态，需要在“人—数字出版业态、出版活动—其他商业活动”之间达到完美平衡。

纵观现有的数字出版平台，着眼于数字出版的内核，而非出自出版的商业生态。新闻出版总署《关于加快我国数字出版产业发展的若干意见》（新出政发〔2010〕7号）清晰地阐述了数字出版的内核，即数字出版是指利用数字技术进行内容编辑加工，并通过网络传播数字内容产品的一种新型出版方式，其主要特征为内容生产数字化、管理过程数字化、产品形态数字化和传播渠道网络化。目前，数字出版产品形态主要包括电子图书、数字报纸、数字期刊、网络原创文学、网络教育出版物、网络地图、数字音乐、网络动漫、网络游戏、数据库出版物、手机出版物（彩信、彩铃、手机报纸、手机期刊、手机小说、手机游戏）等。数字出版产品的传播途径主要包括有线互联网、无线通信网和卫星网络等。在数字化背景下，无论是主动还是被动，涌现了各类平台型主体，如中国移动在杭州建立了数字移动基地，着力打造中国数字平台；汉王、易博士等以终端切入；盛大从整合内容平台输出解决方案起步，结合终端全方位布局；方正集团旗下的番薯网率先研发了中文图书全文搜索引擎，提供中文图书搜索引擎、电子商务平台、全媒体发布系统的综合性网络服务。

在这样的市场背景下，中国数字出版业依然面临着诸多问题。

（1）中国出版业转型升级进程中，数字出版停留在初期。出版巨头深知数字出版的重要性，深知转型的重要性，但是如何转型成为难题。

（2）国内大型的数字出版平台不充足。亚马逊打造了超级网络服务平台，为全世界的读者随时随地提供服务。我国相关部门也规划近几年内推出若干大型数字出版内容推送平台，打通从数字出版、数字发行到终端读者阅读的服务渠道。

（三）从产业链看数字出版产业盈利模式的发展

数字出版产业链上有四个主要环节：内容、集成、运营、用户。传统出版牢牢控制着两个环节，即内容生产和渠道建设，抓住这两个环节即可以占据主导权。现在，重心在向终端和用户端转移。未来产业链的领头羊需要通过控制终端设备来控制产业链。除此以外，在移动领域已经被认可的新模式“硬件、服务、内容”将会被广泛应用于数字出版界，基于平台发展的产业融合方式也会在数字出版界大放异彩，更需要关注的是，数字出版作为人获取知识的主要来源之一，并且将在此基础上进行无边界的拓展，将不可避免地与云计算、物联网、三网融合和协同经济等新领域完美融合，而引发新的产业革命。数字出版产业链如图 3 -3 所示。

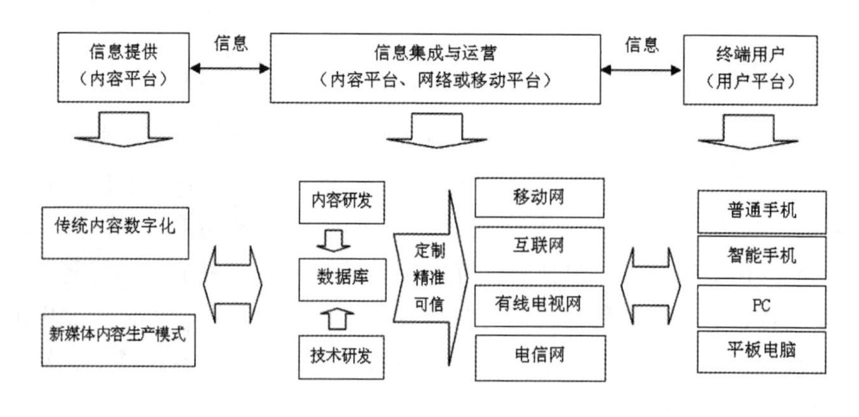

图 3 -3　数字出版产业链

在此基础上，数字出版产业典型性盈利模式有以下四种。

模式一：面向终端用户的内容产品销售，即以用户需求为中心的内容产品销售。

模式二：面向内容生产环节的素材销售，即向产业链上游生产环节销售内容素材。

模式三：基于数据库基础的数据产品销售，即基于庞大的数据库的产业应用。

模式四：基于数据库支持的广告营销销售，即开发基于数据库的精准广告模式。

二、以人为核心的数字出版平台要素与商业业态

商业模式的开发不应当只局限于内容生产和渠道环节，而应当在全产业链领域拓展，而全产业链领域，自然而然需要高度关注人给予平台的活力。

（一）基于人作为要素的产业平台活力

数字出版平台包括内容平台、网络移动平台、用户平台，以及各种平台的聚合平台和与其他产业融合的平台。如今，在单一经济形态发展乏力的情况下，以平台为基础的发展模式熠熠生辉，如苹果公司完成了从卖产品、卖品牌到做平台的转变，受到瞩目，基于苹果公司的平台，2010年，苹果公司的广告占据美国移动广告市场的55%，更为难得的是，苹果公司的广告模式和商务应用互为支撑，同时拓展了广告和商务的市场空间。需要重点指出，一个需要引起各方高度关注的事实是，苹果公司实现了从一个产品制造商或品牌商向平台服务商的转变，同时，更为难得的是，其正改变着诸多行业的经济发展模式，过去的10年，苹果公司已经颠覆并重新塑造了三个市场，即音乐、电影和移动电话，如其用iTunes服务搭建音乐分销平台，再用iTunes Store创造出全新的音乐销售商业模式。早在2010年，脸书公司广告收入高达18.6亿美元，占其总收入的93%，这一成绩的取得，与脸书公司与传统的商业业态和金融体系全面对接，不无关系。毫无疑问，无论是苹果公司，还是脸书公司都相当重视用户作为平台要素的价值开发。

毫无疑问，数字出版平台需要从苹果公司和脸书公司的发展中有所借鉴，同时要克服 Myspace 在平台之路上的不足，数字出版平台需要在内容要素、渠道要素、用户要素和应用等要素之间找到平衡，以为其发展注入活力。

（二）人与人合作与共享的商业价值

公众以群体为单位存在。著名的思想家荀子说过："力不若牛，走不若马，而牛马为用，何也？曰：人能群，彼不能群也。人何以能群？曰：分。分何以能行？曰：义。故义以分则和，和则一，一则多力，多力则强，强则胜物。"

荀子从人的社会关系和社会组织对人做出了阐述，人在诸多方面不如飞禽走兽，但是却能成为宇宙的精华和万物的灵长，因为人的群集性使得人能够相互协作、组织力量，形成强而有力的社会群体。此外，人与自然的动物群不同的是，人类的社会群体能分工和协作。人与人之间相互合作，有力量地支配自然，是向自然索取财富的社会组织。

从公众参与视听节目管理的角度来说，人的群集性奠定了社会群体参与管理的根基，人的分工和协作奠定了分众或消费碎片的重聚的可能性，即奠定了管理的规模化和持久性的可能性。马克思说："人就是人的世界，就是国家、社会。""人的实质也就是人的真正的共同体。"毫无疑问，社会群体合作与共享有着极大的社会价值。

社会学界对于社会群体有不同的界定：

从群体的形态和性质方面。社会群体，是处在社会关系中的一群人的合体，这个群体中的个人自己能够意识到而且也被群体以外的人们所意识到。

从群体的结构与动能方面。社会群体定义为两个或者更多的人，他们有共同的认同及某种团结一致的感觉，对群体中的每一个人的行为都有相同而确定的目标和期望，一些群体满足工具性需要，他们使成员能够做一个单独不能做的工作，另一些群体主要满足其成员的表意需要，所谓的工具性需要是指群体帮助以达到某种目标的需要。

从群体的认同感方面。群体是自认为有助于这个群体的人组成的，彼此希望其余成员应有的某些行为的一群人。

美国社会学家伊恩·罗伯逊认为，群体是以彼此行为的共同要求为基础，并以一种有规则的方式相互发生作用的人们所组成的集体。强调了规则在群体中的重要性。

总之，人在社会活动中结成一定的社会关系而形成有规则的共同活动的社会群体，每个人在所属的群体中扮演着不同的角色，一个人可以同时分属于不同的社会群体，在不同的社会群体中扮演不同的角色。社会群体是人参与社会活动的基本单位，是人在社会中生活的基础，是人与人之间及人与社会之间联系的桥梁。

社会群体是有共同要求的社会个体与其他个体，按照一定的组织形式进行社会互动的群体。社会群体有三个基本的特性；群集性、乐群性和互动性。人非孤岛，人总要归于一个群体，这是与生俱来的，并且不断变化，这个特征就是社会群体的群集性；同时，心理学家指出，合群是人的一种本能。人的本能驱使人们相互亲近，物以类聚，此即为乐群；乐群是社会发展进步的动力，在不断变化的社会进程中，是人与人、人与社会、与不同群体互动的过程，此即为社会群体的互动性。

关于社会群体的形成和发展，各学科领域都有殷实的研究成果。

在社会学领域。社会学探讨社会群体的形成，有学者从基本的血缘、地缘和业缘等基本层面进行阐述。也有人认为人与人之间出于理性的相互交换而形成群体，如社会学家迈克尔·赫克特提出著名的“理性选择交换论”，认为人与人形成群体，是因为每个人都要寻找各种各样的利益，而利益是不会由单个人产生的，所以，为了获得利益，人与人必须结成群体。

心理学也从各种层面揭示了社会群体的行为方式，比较有代表性的是美国心理学者哈里斯基于西方文化背景提出的“群体社会化发展理论”，这一理论解释了群体现象、儿童的同伴群体及发生在同伴群体中的社会化和社会文化传递的机制，并进一步衍生指出，社会文化的传递不是个体对个体的传递，而是群体对群体（上一代人向下一代人）的传递和群体内部的传递（同伴群体向每一个群体成员传递）。互联网视听节目需要注重对青少年的保护，“群体社会化发展理论”奠定了这方面的理论根基。

在传播学领域。1964 年，麦克卢汉在《理解媒介——论人的延伸》

中指出：大众媒介所显示的，并不是受众的规模，而是人人参与的事实。麦克卢汉指出的人人参与的事实则可以进一步深化为经济学上的合作与共享。而在当今科技高速发展的时代，对社会群体合作与共享的价值进行开发及进行商业应用则更具有可行性。

2005 年，以色列经济学家罗伯特·奥曼（Robert J. Aumann）和美国经济学家托马斯·谢林（Thomas C. Schelling）“因通过博弈论分析加强了我们对冲突和合作的理解”而荣膺诺贝尔经济学奖，他们的研究成果有助于“解释价格战和贸易战这样的经济冲突及为何一些社区在运营共同拥有的资源方面更具成效”。托马斯·谢林指出，人们在现实中的合作与共享要远远超过传统经济学中“经济人”假设的界定。耶鲁法学院网络经济学教授约沙伊·本克勒也认为，网上合作正在刺激一种新的生产模式诞生，即“同伴生产模式”，它将超越经济学赖以生存的两大基石——公司和市场。

因此，无论从哪个领域来说，社会群体有信息的交流，信息需求（或共同价值追求或共同责任感）也是社会群体的共同需求，不与任何人交流的人只是生命体，在社会中无法生存。社会群体不断交流的过程就是社会群体合作与共享的过程，社会群体间的合作与共享是信息良好的传播通道，合作与共享可以实现信息的有效传递，实现社会群体的社会价值和管理价值。

（三）基于智能化数字出版平台的产业三要素及产业空间

以人的核心数据为根基的智能化数字出版平台只是产业发展的基础，但产业空间更应当开发的是人人合作与共享的三要素。

原始社会走向现代文明，根基是社会基础单元。新的技术和新的形态都是人的延伸，都是在社会基础单元上逐步拓展开来的。当前，数字技术的发展也是如此，网络只是现实生活的延续，但这种延续已经深刻地影响着现实世界。甚至某一天网络生活反过来主导现实生活。网络生活是网络生产的延续，目前的网络生产处于萌芽、无规则状态，网络世界应当有自己的规则，只是这个规则还没有能建立起来。SNS 网络、C2C 电子商务等新的社会形态和商务形态，没有社会基础单元作奠基，没有把握社会基础单元的核心和实质，经过资本的疯狂之后，风雨飘摇，前途未卜。未来的模式不能建立在空中楼阁之上。

构建在社会基础单元下的人类文明，有三个基本要素：生产和生活、货币关联作用、制度和市场规则。

数字出版平台需要从社会基础单元入手进行搭建，而一旦构建起来，以此为核心的所有经济行为都可以展开。固若金汤的社会基础单元是社会，以及产业发展的核心。社会基础单元固化后可以实现开源发展，建立开放式的应用平台。

（四）以“出版物、数据人和产业”为基础的云服务平台展望

席卷全球的云计算革命，将带来学习、工作和生活方式的根本性改变，也将带来生产关系、社会网络和商业模式的根本性改变。为此，国家高瞻远瞩，将云计算提高到战略性新兴产业的高度。为了响应国家号召，北京市政府于2010年颁布并开始实施“祥云工程”行动计划，以此作为北京市战略性新兴产业的突破口。

这方面，数字出版领域已有先行者，天津国家数字出版基地云计算中心已经“架云启航”、中国知网也已经启动了海外云出版和云数字图书馆系统。

三、数字出版业发展的对策

（一）转变发展方式、优化资源配置，以创新驱动

以北京市为例，早在2011年8月29日，北京市印发了《北京市软件和信息服务业“十二五”发展规划》（以下简称《规划》）。《规划》提出“聚集大批应用软件和数字内容开发创作群体，带动数字音视频、数字出版、位置服务、移动网络游戏、移动支付等产业发展，引导新型信息服务消费。”解读北京市《规划》，“数字出版”作为重要的“新型信息服务消费”的产业应用，需要加速商业模式变革、全面构建现代产业新格局，更需要融合信息科技、软件和服务，创新发展模式。

北京拥有建设大型数字出版平台良好的市场土壤。近年来，北京数字出版业总产值占全国总产值的1/3左右，北京市经新闻总署批准的互联网出版机构也占全国总数的1/3左右，北京数字出版业的发展具备良

好的产业基础，处于高速发展期，但北京数字出版业盈利模式也不清晰。

发展需要新思维，模式需要新举措。同时，需要把握新技术革命带来的全新变化。基于新的发展和时代的新要求，必须充分发挥新技术对数字出版业的支撑和引领作用，尤其是数据化人群，同时进一步响应国家“转变经济发展方式，优化资源开发利用方式”的号召，以创新驱动、助力北京数字出版业的蓬勃发展。

（二）构建全新商业生态，开拓新的产业空间与盈利模式

众所周知，乔布斯给“个人电脑、动画电影、音乐、手机、平板电脑及数字出版”六大产业带来了颠覆性变革。实际上，六大产业组成了一个全新的数字产业链，如果说“数字音（音乐）像（动画电影）和数字出版”等数字内容是全新数字产业链的“神”，那么“个人电脑、手机、平板电脑”等用户终端则是全新数字产业链的“形”。从 2001 年至今，苹果公司的商业模式以数字音乐为发源地、以全新数字产业链为根基不断创新发展，其依托音乐销售平台及其成功经验，苹果公司又开发了 App Store、iAd、iBook Store 等平台，将产业触角延伸到各个领域，为新商业格局奠定了根基。

（三）以数据为基础，构建智能化的产业发展模式

以人为基础，生产力和生产方式的协同作用，是数字出版业发展的根基。结合上文所述，“互联网、云计算、物联网、知识服务和智能服务”是从技术的角度降低产业的物耗、能耗，实现低碳发展，当前，主流的产业实践是在技术层面上发展数字出版产业，但是新的产业还有另外一个层面的意思，就是生产关系的角度，特别是从人与人之间的关系的角度，实现产业的数字化、绿色化，包括满足读者的个性化需求，同时实现读者的学习的实时共享与协作，这是当前的数字出版所做不到的，当前的数字出版主要集中于利用新技术实现出版的数字化，而没有从生产关系的角度入手，重构新的出版体系。

专题四
“互联网+”智慧社区创新性管理

信息网络技术的广泛应用不断推动生产方式和生活方式发生变化，智慧社区应运而生，社区管理模式需要与新的生产方式和生活方式相适应，创新发展。

一、智慧社区的发展背景

（一）数字技术带动的社会革命

信息技术正以几何速度发展，它带动着社会的变革，包括给人民的生活、学习和工作带来了巨大的变化，某些方面的变化甚至是颠覆性的。例如，慕课模式给我们带来开放式、大规模、共享的学习平台；威客模式带给我们新的创意和新的思维，当我们有创意方面的需求，我们登陆威客平台即可获得相关的创意作品或解决方案；社会化社交网络带给我们更多的线上朋友，我们拓展人际关系不再只是局限于现实生活中的人际交往；微信让我们每天都可以与朋友亲密、即时互动，并提供了越来越多的生活服务信息。

与之相应，传统的生产模式或商业模式正在被颠覆，传统的社会网络正在被重组。例如，传统的音乐产业链，从作词、作曲到制作、发行、售卖环节一个都不能少，而新的模式基于手机等播放设备，基于互联网，可以直接欣赏音乐作品。信息技术的发展，“转变经济发展方式”成为新时代的首要任务，创新发展成为主旋律。不转型、不创新，勿发展，如美国柯达公司，昔日地位与现在的苹果公司同一量级，曾经在摄影行业、胶卷产业等领域独领风骚，因为没有及时瞄准信息技术发展的脉搏，导致破产重组。诺基亚、惠普、联想等国内外商业巨擘，因没有及时跟上创新发展的脚步，重新寻找着未来的发展方向。可见，不只是要跟上创新发展的步伐，如何创新更是发展的难题。

社区发展也不例外，同样需要转变发展模式，实现创新发展。例如，随着谷歌、苹果、微软、脸书等 IT 巨头在传统互联网领域完成布局后，正将其触角由传统互联网延伸到移动互联网，由智能手机、智能电脑延伸向智能电视，个人智脑和家庭智慧中心成为可能。届时，智慧社区如何与新的发展相一致，创新管理，是值得我们现在就深思熟虑的。而且，社区是居民日常聚集的重要场所，是居民生活的重要场所，居民所居住的房子，在物理上将人与人聚集在一起，新的时代，互联网无形地将社区居民及更广范围内的人群聚集在一起，由此带动着生产方式和生产关系的裂变，乃至社会的变革。同时，我们需要清醒地认识到，10 年前我们的生活和现在的不一样，同样 10 年后的生活也必然和现在有着极大的不同。例如，10 年前彩屏手机是主流，现在智能手机是主流。10 年后，随着科技的发展，我们所处的软硬件环境都会发生相当大的改变，为此，我们必须转型发展。特别是传统行业，更应当转变思维模式，与时俱进，从电商对传统行业的冲击可见一斑。

（二）云社区带来的核聚变

云社区是与云计算相对应的概念，是基于云计算应用对社区进行数据管理、网格管理和智慧管理的现代社区。

无论是政府还是企业，都在积极探索云社区之路。

政府层面，我们以成都市为例。成都市建设的“云社区网络”，既注重建设基础设施，又注重推出各种服务措施。该云社区网络及其提供的服务，在 2012 年，已经被成都市列入民生工程，目的是实现社区居民足不出户，即可以通过电视、电脑、电话等通信终端和各种移动终端及时了解社区动态，关注社区百态。同时，为社区居民提供就业信息、商业信息、科普知识、时事要闻、社区活动和医疗养老等多种信息服务，除了信息服务外，云社区服务还为社区居民提供商品服务。例如，为社区居民提供周边商户的地理位置及服务，为社区居民提供服务的价格参考，为社区居民提供农超对接服务，为社区居民提供社区与农场的无缝嫁接服务等。总之，该服务一方面聚合了社区居民的共性和个性需求。另一方面，聚合了为社区居民提供服务的各类商家，通过一个平台整合在一起，让社区居民享受随叫随到般的服务，同时扁平化商品的流通渠道，为社区居民提供质优价廉的商品。

企业层面，我们以万科和海尔为例。

2014年2月11日，由万科集团80多名高管组成的考察团造访小米总部，万科以此举为代表的系列行为向市场透露了一个强烈的信号，未来的房地产领域需要嫁接互联网思维和平台思维建设新型社区。早在2011年，海尔就提出了建设云社区的理念，即将“房子、社区、技术、服务”融合发展，被业界称之为“引发了一场核聚变”。

从发展模式上来看，海尔的云社区模式并不是全新的模式，其与苹果的“硬件+服务+内容”模式如出一辙，该模式被各行各业广为模仿或推崇，海尔将房地产行业与之相结合，推出了“房子、社区、技术、服务”融合发展模式。云社区即为一个平台，其将平台服务理念，通过技术和房子，植入到所建造的社区，为社区居民提供系统的生活解决方案，使得平台成为社区居民交流的平台、生活的平台和为社区居民服务的平台。该平台同时可以嫁接海尔的品牌资源、产业链资源，以及用户资源。简而言之，通过“房子、社区、技术、服务”的融合，形成高效的运行平台，将产业链前端的商品资源和产业链后端的用户资源直接关联在一起，从而进行产业链价值的重新整合，通过平台掌握核心的产业资源和用户资源，在形成企业新的经济增长点的同时，为社区居民提供良好的日常生活服务。

云社区模式秉承“原交易的结束是新交易的开始”的新型商业思维，使得服务理念和服务方式发生了根本性的改变。传统方式上，房子完成交易，家电完成交易，企业与用户之间的主要交易活动即基本宣告结束，充其量还有一些零零散散的售后服务。但是新的服务方式是，当原交易结束后，新的交易又开始了，家电还是那些家电，房子还是那座房子，但是“房子、社区、技术、服务”聚合在一起，就是一个平台，它是一个社区居民生活的平台、交流的平台，而人的需求是每时每刻的，因此，在原交易的基础上拓展更多的服务，将交易拓展至人“吃、住、行”和“游、购、娱”等各个层面，而原来的交易，以及在这个交易基础上的产业链融合是基础，是关键。正如智能手机一样，当我们买了智能手机之后，我们需要以此为基础，进行更多的消费，而基于智能手机的 APP 和产业融合，为更多的消费提供了更广阔的空间。此种商业模式环环相扣，并且环环产生巨大的效益，而同时，用户乐此不疲，以至于离不开企业提供的各种服务。

（三）智慧社区新的发展

技术的发展带来了新的变革。在人类文明的历史长河中，比技术革新影响更深远的，是经济制度的变化，是社会规则的变化，是人行为模式的变化及人与人之间关系的变化。英国著名历史学家汤恩比认为，工业革命的实质既不是发生在煤炭、钢铁、纺织工业中引人注目的变革，也不是蒸汽机的发展，而是以竞争代替了先前主宰着财富的生产与分配的中世纪规章条例。

社区是社会的基本单元、是家庭聚集的场所，是居民日常活动的主要场所，数字技术的蓬勃发展带来了社会的深刻变革，带来了人行为模式的深刻变革，但是并没有给“社区”这种形式带来颠覆式的革命。实质是，数字技术为社区的居民带来了更为便利的服务方式和更为快捷的服务。建立在数字技术基础上的诸多传播形态、商业业态只是社区的服务功能、服务范围和服务手段的延伸。例如，借助平台邀请用户发表评论、帮助用户在购物时及时获知亲朋好友或专家的意见等，以往的方式是社区居民在散步聊天时相互交流购物心得，现在的方式是通过平台及时获取用户体验信息。再比如口口相传，这种模式从人类诞生开始就存在于人们的生活之中，人类社区化居住后，成为社区居民之间沟通的方式之一，数字技术为发挥口口相传力量提供了更宽广的舞台，而且个人可以从“口口相传”平台中获知自己想要的信息，同时，自己也可以随时随地向这样的平台共享自己的购物体验，共享自己的使用感受。

智慧社区实质依然是以社区居民的需求为中心，通过数字技术，深刻挖掘社区居民的各种共性和个性需求，以此为基础，重新整合相关产业链资源，形成全新的高效的服务流程。所谓智慧，简单来说，即社区居民想要某种服务时，随即便可准确获得。因此，数字技术带给智慧社区的，是基于数字化技术带来的一种全新的发展模式。同时，是以社区居民需求为核心的，产业链的重构和经济发展方式的变革。

智慧社区的发展很有其现实意义：

（1）智慧社区是智慧城市的重要组成部分，智慧社区的建设应当以社区为基础，高度关注社区居民新的生活、学习和工作方式，并以此为核心，厘清智慧社区的建设模式，厘清智慧社区新的管理模式，这必将有助于智慧城市的建设和发展。

（2）家是人心灵的港湾，家庭是社会的根基，而社区是家庭的载体，智慧社区对于构建和谐家庭、和谐社会有着重要的作用，新时代，如何管理新型社区，对于构建和谐社会至关重要。

（3）“渠道为王，终端制胜”，社区是企业商业活动高度关注的“最后一公里”，是企业服务人群的集聚地。一方面，新型社区的管理模式与各行各业融合发展，将改变传统企业发展模式，帮助传统企业实现转型发展；另一方面，诸多新型社区的需求，所积累的大数据，将对新的产业布局和新的行业发展产生深远的影响。

（4）智慧社区是借助现代科技，建立新型的人际关系和社区关系，培养社区文化，贯彻社会主义核心价值体系的重要平台。为他们提供良好的服务，是最有效的手段，本章在实践的基础上，在理论上进行了尝试性探讨。

二、智慧社区的发展现状——以北京市为例

本章在阐述了社区发展的两个层次的基础上，对北京智慧社区的发展进行了说明，并选取了三个有代表性的街道或服务方式进行实证研究，选择的街道和原因是：和平里街道较早地建设了生活服务圈，作为一种有益的尝试，其发展理念值得思考；清华园街道是首批“北京市社区服务科技应用示范区”，由于其社区居民的高学历、高层次使得其智慧社区的建设较为成熟并且应用广泛；而北京“车载蔬菜直销社区”服务方式，由北京市商委（现已更名为北京市商务局）牵头，尝试着政企合作的新方式。

（一）社区发展的两个层次

1. 技术视角下的数字社区

随着经济的发展、社会的进步、物质的丰富和居民生活水平的提高，

人们对于其所居住的环境，居住的社区的要求不只局限于“安得广厦千万间”，不只局限于钢筋和混凝土的房屋模式和社区模式，在这个基础上，需要现代科技与社区、房屋的完美融合，这就提出了数字社区、数字家庭的要求，从技术层面的角度来说，就是通过采用各种现代技术，包括传感技术、网络技术、计算机技术、信息处理技术和通信技术等，各种技术高度融合形成系统，实现社区内各种信息从信息采集、信息处理、信息传输、信息显示到应用整个流程的高度集成、高度共享，以保障社区居民的生活安全，同时为社区居民带来舒适、便利、快捷、高效的生活服务。

通常，数字社区的设计理念遵循以下两个方面：

（1）在信息和数据集成方面，共享信息和数据，包括在各个业务环节实现信息管理的统一和数据的共享，以及在各个环节与各个业务模块之间，实现信息交互。同时，保持交互信息的统一性和一致性。

（2）在系统建设方面，以适用和方便为主要考虑因素，保障系统操作简单，实用性强。同时还需要考虑到随着科技的发展，系统方便升级。另外，在界面的设计上，需要综合考虑社区居民不同的用户习惯、不同的学识水平、不同的经济条件等方面，设计大众乐于接受的、便于操作的傻瓜式操作界面。

也就是说，数字社区强调“数字”，它更多关注技术层面和软、硬件等基础设施。例如，如果一个社区老年人占有相当高的比例，则需要建设相应的硬件设施和系统，硬件设施要保证老年人的日常生活呼叫响应需求及对数据的处理需求等，而系统则需要准确对老年人行为数据进行分析，诸如锻炼的频次、保健的频次、上医院的频次等，以方便相关服务机构准确提供相关的服务或及时防患于未然。

当然，系统接入到家庭的端口或窗口，其操作一定要简单、方便，尤其是针对老年人的技术服务，更需要一键式操作。更进一步的需求是，建立老年人随时随地的服务系统。比如，在美国，试点了家庭门诊挂号系统，通过家庭的视频装置和眼球虹膜识别技术，老年人的身份与医疗中心系统相对接，直接进行远程挂号，甚至基本医疗服务。而所需药品则由最近的药房配送，因为所有系统全程对接，所以病人的信息不会串号，所需药品不会送错。

2. 生态视角下的智慧社区

城市与人类文明发展紧密相连，是人类高度聚合的一种社会生态系统，城市的基本组成是社区，社区是城市居民的主要生活场所，其智慧化程度直接衡量着一个城市的智慧化水平。无论是智慧城市还是智慧社区，强调的是城市的功能和社区的功能，即以社区居民的需求为中心，为社区居民提供全面高效的服务。随着现代科技的发展，这种服务越来越精准化、规范化和智能化。

智慧社区的生态系统需要综合考虑房子生态、社区生态、技术生态和服务生态，以及诸多生态的高度融合。比如，房子的生态需要考虑生态设计和生态材料等方面，社区生态需要考虑社区的规模，社区的水、煤、气、绿地等方面的权衡，技术生态需要考虑适度技术支撑，服务生态需要考虑物流配送服务系统、日常生活服务系统等。生态系统的建设同时需要考虑绿色、环保、无污染、无危害，充分利用各种资源，高效地发挥系统的最大价值。

当然，智慧社区既注重社区的功能建设，同时也注重新型社区治理模式，它以建立人文环境、绿色环境等社区生态为核心理念，通过规范化的工作流程、社会化的运行资源、信息化的技术手段、精细化的管理模式和人文化的服务理念，建设社区管理平台、信息平台和服务平台，并且管理平台、信息平台和服务平台互为一体，相互依托。共同筑起社区居民智慧生活的服务管理平台。

简而言之，智慧社区强调利用先进的科技，建立开放、透明、共享的社区管理平台和“弘扬主旋律，激发正能量，大力培育和践行社会主义核心价值观”的生活服务平台。

3. 两个层次之间的关系

数字社区，强调技术的角度，即数字；智慧社区，强调社区生态，即智慧。但两个概念的实质是一样的，只是一个偏重于技术的概念，一个偏重于理念的概念。

数字社区偏重于技术，因此其建设方案则偏重于应用软件及其系统和数字社区智能管理平台及其硬件系统。而谈到智慧社区，更多地需要考虑人—社群—制度—关联物之间的关系。例如，人类文明的发展有三个基本要素：人与社群（包括其生产和生活）、制度与规则、货币等价物。互联网是人类文明发展的新舞台，也是人现实生活的延续，但是这种延续已经深刻地影响着现实世界，而且，有可能某一天网络生活反过来主导现实生活。因此，如何构建与人类文明发展相一致的网络平台和社区平台则是需要考虑的。

（二）北京智慧社区发展概况

北京社区的发展，现有的主要模式是以信息化和数字化为基础，以“技术”为先导，在数字城市的基础上，建设数字社区或智慧社区，寄希望于实现社区管理的信息化、数字化，并以此为基础实现城市管理的信息化、数字化及网格化管理。北京智慧社区堪称大手笔、大投资工程，北京市政府将之视为重要工程或一把手工程，并且制订了有关计划为之保驾护航。

为了建设“人文北京、科技北京和绿色北京”，北京市政府将信息化、数字城市作为城市发展的新主题，早在2009年北京市就开始实施《北京信息化基础设施提升计划》，拟实现“信息惠民”工程，该工程参考国际领先的信息服务标准，为公众提供全方位的公共信息服务，为民众提供方便快捷的信息服务。与此同时，北京市推出了“祥云工程”行动计划，此后又印发了《智慧北京行动纲要》。

一方面，我们看到，数字城市、智慧城市需要依靠科技，建立庞大的基础设施；另一方面，数字城市和智慧城市的落地点是为民服务，而社区是民众重要的活动场所，理所当然，数字社区的建设，是数字城市建设的基础。

基于此，北京智慧社区的建设从规划层面，主要拟集中于四个方面展开，即智慧物业管理、电子商务服务、智慧养老服务及智慧家居。

（1）智慧物业管理：针对将新兴技术与社区的特点和所需基本服务相结合，集成以物业管理为中心的数字化系统，如智慧停车管理、数字化监控管理、门禁系统、数字化服务系统、电梯管理系统、智能电表系统等相关社区物业的智能化管理，实现社区的数字化管理，通过各独立应用子系统的融合，进行集中管理。

（2）电子商务服务：将社区内的商业贸易活动和电子商务相结合，

实现社区居民网络消费、购物、在线支付等各类商业活动，社区居民足不出户就可以满足各类需求，轻点鼠标或屏幕，通过电脑、智能手机等各种终端，实现各类商品的采购、消费、支付，即可以通过电子商务系统实现各种交易活动、金融活动。

（3）智慧养老服务：旨在通过物联网技术，实现家庭“智慧养老”，即利用物联网技术，通过各类传感器，方便、快捷监控老年人的日常起居和生产生活，以便处理突发情况或与数据系统相结合，及时预防老年人可能出现的问题，以便预防到位。

（4）智慧家居：智慧家居是以住宅为平台，兼备建筑、网络通信、信息家电、设备自动化，集系统、结构、服务、管理为一体的高效、舒适、安全、便利、环保的居住环境。

但是从实践层面来说，北京智慧社区的建设主要体现在以电子商务服务为中心开展。以下案例很具有代表性。

（三）案例分析：北京智慧社区的发展

1. 和平里街道的生活服务圈

和平里街道位于北京市东城区安定门外大街、和平里东街和北中轴路贯穿南北并直通二环、三环路，辖区面积5.02平方千米，常住人口12万人，辖26个社区。

和平里街道早在2009年就推出了社区生活服务圈，和平里街道称之为“1510生活服务圈”，“1510的含义”由“15”和“10”两个方面组成。

具体而言，“15”是指社区居民步行一刻钟就可以解决最基本的生活需求，“10”是指推出的10项基本服务，包括果蔬摊、副食品店、修车摊、修鞋摊、文化活动室、健身园、回收站、理发店、卫生站和早餐店。“15”即十五分钟商圈，而“10”则代表十项基本服务，它涵盖了社区居民生活的各个方面。随着生活服务圈的影响力扩大，更多的企业加入服务队伍，社区居民享受的服务种类越来越多，步行到商户的时间却越来越少，甚至足不出户即可解决生活所需。同时，和平里街道建立了良好的服务监督机制、意见反馈机制及各种管理制度，在认真调研居民需求的基础上，善于听取社区居民的意见，同时调动社区居民参与的积极性，以及充分激发了服务商的服务意识。除此外，和平里街道还尝试着建立电子商务平台，形成与生活服务圈的互补和衔接，以有效地满足社区居民的基本生活服务。

2. 清华园社区的智慧型社区及其服务管理创新

清华园社区面积3.6平方千米，户籍人口近6万人，有教授、副教授约4000人，两院院士近100人，是全国高级知识分子最为密集的街道之一。毫无疑问，该社区有着显著的特点，属于知识密集、人才密集、科技密集的区域。因此，无论工作还是生活，社区居民使用网络的程度较高。

作为全市首批“北京市社区服务科技应用示范区”，清华园社区坚持政府主导、街道统筹、单位支持、社会参与、居民受益的指导思想，按照整合资源、优化服务、提高效用、方便群众的基本思路，以建设以人为本的服务体系和以服务为导向的管理体系的智慧型社区为目标，积极推动社区信息化建设。

经过几年的建设，清华园社区智慧型社区取得了显著的成效。

（1）建立了一站式信息服务平台，居民生活服务平台化。

建设了清华园社区综合服务平台，该平台的服务涵盖餐饮、报修、订车、鲜花、订水、挂号、健康等方面，服务内容全面化，服务措施便捷化，全面提升了社区服务的信息化管理水平。

（2）建设智能的一卡通系统，管理服务科学化。

一卡通是社区服务领域的“居民身份证”，记录了居民的个人信息，是居民享受各种社区服务的重要凭证或支付工具。例如，居民可以凭卡借阅图书，在社区超市进行划卡结算，生活补助划拨卡中等。同时，依托一卡通系统及其使用数据，社区可以准确判断独居老人的日常生活情况。例如，依托一卡通的数据分析服务，可以分析独居老人的健康情况，进而主动探视，及时发现问题、解决问题。

除了以上两类主要服务外，清华园社区还建立了更广泛的智能服务系统，包括综合健康服务系统及信息化管理防控系统等，满足社区居民的各个层面的需求，同时重点考虑特殊群体（如老年群体）的需求、防患于未然。

3. 北京“车载蔬菜直销社区”与社区管理新模式

各类楼盘拔地而起，但是农产品的零售网点却鲜有增加，加之流通环节带来的高成本，农产品“卖难买贵”等问题突出。事实上，这是全国城镇居民普遍面临的问题，而“菜篮子”工程一直是国家关注的重点工程，为此国家强调要加强鲜活农产品流通体系建设。

建设鲜活农产品流通体系，保障流通的高效、畅通、安全和有序，势在必行。诸多商家在电子商务领域做着有益的尝试，原北京市商委也进行着大胆的创新。原北京市商委解决了蔬菜价格持续上涨的难题，同时破解“最后一公里”的供应难题，先后试点推出了“周末蔬菜车载市场”，以及在此基础上的“车载蔬菜直销社区”模式，将品种齐全、新鲜、实惠的蔬菜直送到居民家门口，获得了广泛赞誉。

与“车载蔬菜直销社区”模式相适应，社区定时定点提供了临时卖场，而社区居委会和物业则临时担任了市场管理者的角色。

三、智慧社区管理存在的问题与原因分析

在云计算在大数据背景下，智慧城市和智慧社区是一个相当火爆的概念，在房地产领域，诸多房地产商虽然号称要建设智慧社区，但实质上依然采用传统模式建设着社区。

房地产企业运用高科技往往面临很大的现实问题。如果网络技术和物联网技术只用于一两个社区，做示范效应，因为成本、规模小等问题，显然是无法进入实际运行阶段。即使一两个社区先行先试成功，后续更多的社区采用这样的模式，又会带来新的问题如系统如何兼容、如何互换、如何开放等。从上文可以看出，每个社区的条件不一样，每个社区的背景不一样，每个社区的需求也不一样，加之每个社区的建设主体不一样，很难在同一时间大范围采用同一标准进行统一规划。

因此，当前的建设主要以电子商务平台为主。这些都将直接影响智慧社区的管理，本节从管理模式、管理主体及核心价值等方面，做出进一步的分析。

（一）传统管理模式严重滞后于新型社区管理

1. 我国城市社区管理模式

明晰智慧社区管理存在的问题，首先得厘清我国社区管理的发展。

长期以来，我国城市社区有着较为固定的管理模式，其管理主体有区政府、街道办事处和居委会，这种管理模式我们称之为“二级政府、三级管理”。1954 年 12 月，第一届全国人民代表大会常务委员会第四次会议通过了两个文件，分别为《城市街道办事处组织条例》和《城市居民委员会组织条例》，这两个文件即对我国社区管理模式进行了界定，文件明确了街道办事处的地位，以及居委会的工作职责和任务。其中街道办事处指导居委会的工作，同时是居民意见收集和反映的窗口，而居委会虽然名为居民自治组织，但是实际上它承担着具体的事务性工作，是上下联系的窗口，包括向当地政府反映居民的意见和要求，调解居民间的纠纷，动员社区居民响应政府号召并遵守法律等。

2. 改革开放带给城市社区管理模式的新变化

改革开放后，我国在社区管理方面也进行着新的尝试。其中，首要的方式是参考国外社区管理的先进管理经验、先进运营理念和先进管理方式。由此推动着我国城市社区管理体制的变革，例如从 1981 年开始，国内各城市先后成立了物业管理公司。其中，深圳市物业管理公司是中国大陆率先成立的专业物业管理公司，物理管理公司脱离了原来的行政管理体制，面向市场，进行科学化管理。将我国城市社区管理模式推向了专业化和市场化的管理轨道，由于其机制灵活、管理科学，广受社区居民认可，政府也予以高度重视，为此我国原建设部还在 1994 年颁发了《城市新建住宅小区管理办法》，随即深圳市也率先颁发了地方性物业管理法规《深圳经济特区住宅区物业管理条例》，这些办法或条例对促进我国社区管理模式逐步与国际接轨，起到了重要的推动作用，也繁荣了我国城市社区的管理。

3. 我国城市社区管理中存在的主要问题分析

（1）社区管理体制需要优化。我国的社区管理长期采用“二级政府、三级管理”的管理模式，这种模式在中华人民共和国成立初期起到了良好的管理效果，但是它并没有随着社会的快速发展而改变，并没有随着现代科技的发展而进行实质性地变革。同时，这种管理体制的特点是以行政代替市场管理，使其不能对市场资源进行有效配置，不能让社区居民深入参与管理。

（2）居委会的从属性严重。法律上规定居委会是群众性自治组织，是直接服务于社区居民的办事机构，并充当着行政管理的职能。在这种模式下，居委会接受着各个政府部门的领导，包括市容、环卫、妇联、公安、街道等。基于此，居委会和社区居民成为了管理方和被管理方，直接导致居委会和社区居民之间并不是鱼和水的关系，而是上下级关系，为此，导致社区居民的不信任，甚至抵触。

（3）社区管理目标不明确。管理和服务最关注的应当是人，社区的管理应当以人为中心，尤其以本社区居民的需求为中心，让居民同时有小家和大家的感觉，在繁荣小家的基础上融合社区大家庭，同时形成和谐的社区文化，因为共同社区的存在，而拥有共同的体验、共同的依存感和价值归属感。遗憾的是，主流的社区管理模式依然没有从传统的方式中走出来，没有实现以人为本的管理原则和思想，社区管理人员和社区居民之间好比上级和下级的关系，并不是平等的服务关系，直接导致目前各种问题的产生，如缺乏主动帮助社区居民的需求等。

（4）体制内人员需要重构知识体系和服务理念。对此，国务院办公厅印发的《社区服务体系建设规划（2011—2015 年）》已经做出了明确的分析，规划指出：中国社区服务体系建设仍然处于初级阶段，社区服务设施建设缺口达 49. 19%，缺乏统一规划，保障能力不强。截至 2010 年年底，全国共有社区居民委员会成员 43. 9 万人，社区公共服务从业人员 105. 9 万人，有 507. 6 万社区居民成为社区志愿者，活跃在社区服务各领域。几百万的社区服务工作人员推动了社区的建设，是社区服务的重要力量。但是我们必须清醒地认识到，原有的业务以事务性工作为主，服务模式和服务理念都偏重于传统模式。并且，他们长期从事这样繁忙的工作，很难系统地接受新的知识体系，掌握全新的服务方法和服务理念。在某些高科技领域，事业体系下的工作人员转变思路、转变服务模式都相对困难，更不用说社区服务人员重构其知识体系、掌握全新的知识、改变固有的思维模式，这是难上加难。

上升到智慧社区管理，它不只是跨学科的融合、全产业链的价值整合，更是融合上的再造，它不仅需要重组信息资源、重构传播模式、再造产业链，更需要结合科技、人文、社会、艺术的人才，准确洞察未来的发展趋势，寻求无疆界的创新。

（二）物业企业的现状阻碍了“智慧社区”的建设和管理

居委会和物业企业对所辖或所管理的小区了如指掌，他们参与智慧社区的建设和管理有着天然的优势，特别是物业企业。长期以来，物业企业为广大业主排忧解难，为广大业主的日常生活保驾护航，物业企业和广大业主之间互相依赖，通过日常的点点滴滴形成了天然的“鱼和水”关系，他们都为了同一目标，建设和谐的社区和美丽的社区、为社区居民的美好生活而共同努力。

但同时，业主的需求随着科技的进步和社会的发展在不断地增长和变化，如基于新的生活习惯，业主需要水电、门窗服务，但更需要周边商户信息或更多资讯服务。水电、门窗服务可能是一个月一次，甚至几个月才一次，但是周边商户信息或资讯服务，可能每天都需要。毫无疑问，这对传统物业服务带来了挑战，同时也给业务服务带来的新的商机。

应当说，物业和业主之间天然形成的“鱼和水”的关系，是一种良好的信任关系，也是一种良好的商业关系，以此为基础，物业开拓新的服务有着良好的优势。并且新的服务，随着社会的进步、科技水平的提高和社区居民不断涌现出的新需求，将会变成物业未来的主要业务。为此，新的时代要求和新的服务趋势将促进物业向“技术密集、人才密集和知识密集”方向转化。但是这种转化需要阵痛式的外力强力推动，我们欣喜地看到，这样的力量已经开始发力，2014 年，无论是电商企业，还是传统快递企业，都已经加大了对社区的投入，采用“O2O（线上线下融合）模式”，以打通产业链的“最后一公里”。例如，电商企业猫屋，与社区的水果店、理发店和美甲店等商户进行合作，提供邻居式的包裹代收服务。毫无疑问，“最后一公里”或者“最后 100 米”，是物业企业的“一亩三分地”，物业企业应当与时俱进，在掌握着社区居民大量需求的基础上，依托庞大的用户资源，与各类全新产业链直接对接，在全新全意为社区居民服务的基础上，将物业管理提升到更高的高度，向管理的科学化、平台化和现代化转型，同时做好自己的品牌。从而积累良好的技术资源、优秀的人才资源以及高质量的服务体系，以进入更广阔的智慧社区服务领域。

（三）以技术为先导，缺乏对社区核心价值的深度挖掘

现有的智慧社区的研究和实践主要集中于技术领域，智慧社区的建设以“技术”为先导，以“技术”为驱动，这使得智慧社区的建设拥有坚实的基础设施，这为新型社区建立新的生产关系、社会网络和发展新的商业模式奠定了坚实的基础。然而，我们不能忽视的是，新一代信息技术并不能解决所有的问题。一方面，与信息技术发展一致的新社区关系和新社区社会需要技术的强力支撑；另一方面，需要丰富人（家庭）和人（家庭）之间本质的内在关联，即丰富以小区（基本表现形式为房子的集合）为纽带，以人（家庭）与人（家庭）之间“信任”为基础的新型社区。与高楼大厦一样，信息技术不能将人（家庭）与人（家庭）隔离开来，而应当将“人—家庭—社区—社会”融为一体。与之相对应的商业模式有相当大的潜力可挖。

例如，以社区居民之间的信息传播为例进行说明，世界范围内的信息革命，只走了一半的路程。能利用技术手段很快聚合海量的信息，将信息呈现在受众面前，但是受众甄别有效的信息则成为最大难题！2010年12月12日，推特的联合创始人Stone接受了美国有线电视新闻网的采访，他指出推特上的信息十分丰富，可以满足任何人的兴趣需求。但挑战是，在未来几年如何更好地将合适的信息在合适的时间发送给合适的人。

为了解决“在合适的时间将合适的信息发送给合适的人”这一世界性难题，百度采用框计算的方式，通过“系统识别用户需求；将需求分配给最优内容资源或提供商；精准返还与需求相匹配的结果；高智能互联网需求交互模式；最简单可依赖的信息交互实现机制与过程”等方式，力求实现信息的精准传播。例如，传统上我们需要将Word文件转化为PDF文件，采用的方式是下载相应的转换器，安装在电脑上，然后实现转化；而现有的方式则为，直接将文档上传到百度搜索提供的应用程序中，无须安装，无须更多步骤，一步即可实现。

但是这并不能解决受众对复杂信息的需求，数据表明，基于家庭和

亲朋好友的资讯推荐，即以信任为内在联系的信息传播形式，是受众选择信息的主要方式。

用具体的数据说明。来自新华社的数据表明，购车者最看重的信息渠道不是电视广告，而是有经验的亲友的介绍及个人的体验，包括车展、试乘试驾和以往车辆的使用经验，如图4-1所示。

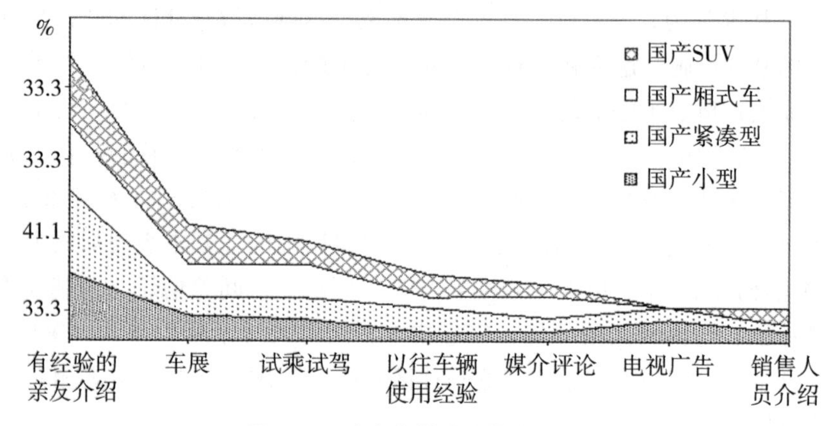

图4-1　购车者最看重的信息渠道

来自CNNIC（中国互联网信息中心）的数据也表明，社交网站用户获知网站的渠道主要来源于朋友、同学和同事的推荐。

从两类数据可以看出，无论是传统的消费行为，还是新型的网络体验，基于“相互信任”的关系，依然是信息传播的主要方式，而智慧社区天然地将“传统”和“现代”融为一体，其信息传播模式，无论是社会价值还是经济价值，都相当巨大，应当受到高度重视，并予以开发。而且基于可信任的信息传播模式，通过智慧社区将触角从传播延展到社区活动的各个层面，即以传播为基础，关联着与社区有关的“吃、住、行”和“游、购、娱”等各个产业层面。然而，当前主流的智慧社区的建设方案却以技术实现及其相关产业为主，忽略了新型智慧社区中人（家庭）与人（家庭）之间合作与共享可信赖的信息所带来的巨大社会价值和经济价值。

总之，与人类文明发展相适应的新社群关系和新社群社会还没有形成，当前主流的房地产项目和社区管理模式是对当前社会关系的简单复制，将五湖四海的人简单地聚合在一起，并没有形成基于智慧社区的产业生态、商务生态和金融生态。无论是现实社区、还是虚拟社区生活圈服务平台，只是对传统方式的简单移植，尚不具备通过“相互信任”拓展社群关系的能力，而达到这样的能力，需要将信息技术和现实社区的发展融为一体进行设计。

四、智慧社区管理对策设想与分析——以北京市为例

随着科学技术的发展，社区管理所提供的服务不应当只局限于社区的建设和以房屋为中心的服务，还应当着眼于以人的数字化生活为中心的各个层面。不但需要在基础设施、技术层面上实现服务的智能化，更需要在商业模式、产业经济发展方式上实现与相关产业的高度融合，即实现从传统的社区管理模式向智慧社区管理模式的转型。本节在前面分析的基础上，尝试提出解决方案，以供借鉴。

（一）北京智慧社区生活圈服务平台

1. 基于“房子+社区+技术+服务”的社区生活圈服务平台设想

综合前述，传统社区管理以“房屋—物业管理”和“人的基本需求”为中心，而智慧社区的管理以“人的数字化生活”为中心。当前，参与构建人的数字化生活平台的方式多种多样，北京市一些社区的尝试只是数字化生活平台的一部分，智慧社区生活圈服务平台应当是“房子+社区+技术+服务”完美融合的平台，即海尔提出的云社区模式。但本章前述的各种模式都处于一种尝试阶段，尚无法大规模复制。

当前，社区居民可以通过各种终端接收系统接收资讯，包括社区LED（电子显示屏）、数字电视、电脑、智能手机等。未来，随着智能手机和智能电视进一步的发展和普及，更多的社区居民接收信息将呈现智能化、移动化和个性化的特点。但是，正如前文提到的，与人类文明发展相适应的新社群关系和新社群社会（以信用为核心的社群关系和社会，传统是以家庭和亲朋好友为基础单元）还没有形成，当前主流的社区服务平台是对当前社会关系的简单复制，更没有形成产业生态、商务生态和金融生态，现实社区和虚拟社区生活圈互动服务平台，只是对传统方式的简单移植，尚不具备通过信用拓展社群关系的能力，而达到这样的

能力，需要将信息技术和社区的发展融为一体进行设计。

本章初步设想一下，智慧社区的生活圈服务平台应当以“信用”为根基，核心是建设“能将合适的信息在合适的时间发送给合适的人的系统”，可以称之为“社区信息传播新脑智能系统”，并以此为内核，以“终端接收系统”为通路，而社区的管理模式则需要与此相适应，如图4－2所示。

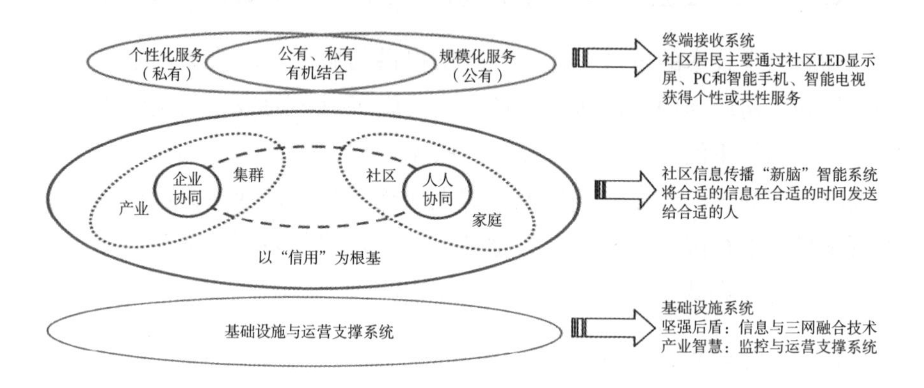

图4－2　社区生活圈服务平台架构

所谓新脑智能系统，它是电脑功能和人脑功能的融合系统，众所周知，人脑具有情景感知、思维和生命力，而电脑具有快速储存、精确管理、科学计算和系统分析的能力，人脑和电脑功能的完美融合、互助互补即构成了“新脑”，同时，使得“新脑”具备如下功能：详细记录学习、生活和工作的历史轨迹；科学计算学习、生活和工作的最优路径；精确提供学习、生活和工作的最佳资讯；全面保障学习、生活和工作的高效高质。通俗但不完全地理解，“新脑”是人在社会生活中的超级大脑，人的数据越充分，超级大脑越聪明，越能准确、及时地知道人的需求，“新脑”与人一样，不断更新知识，不断成长。而且，它与人一样，是社会人，它赋予每个人新的社会关系和文明生态（包括产业生态和商业生态），人与人之间通过“合作和共享”共同创造美好的生活。

也就是说，数字社区的“数字”等技术只是基础，是建设智慧社区的基础设施，它包含相关的技术服务及运营支撑系统，而核心是建立以信用为根基的服务平台，融合社区发展和企业发展，形成协同效应，而基于此，可以为个人或家庭提供共性和个性化的服务。

2. 社区生活圈服务平台的商业价值

社区生活圈服务平台的商业价值主要体现在以下两点。

(1) 从产业应用的角度来说，可以应用在以智慧社区为基础，与家庭生活息息相关的“吃、住、行”和“游、购、娱”等各个产业层面。科技和产业以人（家庭）为本，社区生活圈服务平台以北京地区人或家庭的日常六大主要活动“吃、住、行”和“游、购、娱”为基础，以促进传统服务业向现代服务业的转型，既可以促进服务业资源的整合与优化、合作与共享，又可以培育新兴业态，转变服务业经济发展模式。也可以带动未来房地产业的转型与升级。

(2) 从商业模式的角度来说，可以重构现有产业链。对比当前的电子商务进行说明：传统的电子商务平台只局限于在销售环节为企业提供服务，如图 4－3 所示。

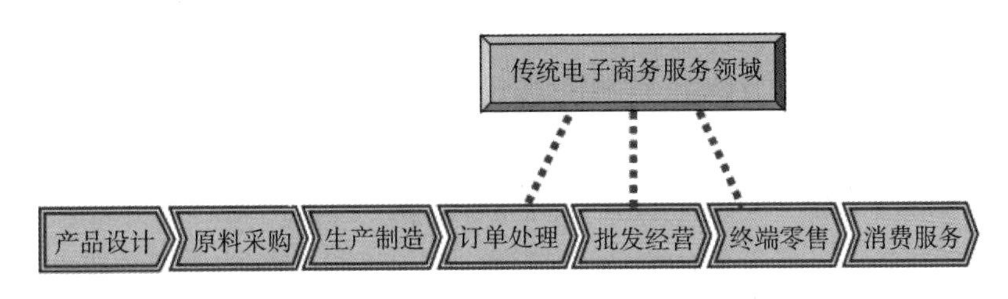

图 4－3 传统电子商务服务的领域

传统的电子商务由于只是企业的销售渠道，所以企业或商家对其依赖性不强。而社区生活圈服务平台以“信用”为根基，强调在产业链的各个环节上，为企业提供全方位的服务。这一本质上的差别是社区生活圈服务平台为相关产业服务，转变经济发展模式，找到新的发展路径的关键，如图 4－4 所示。

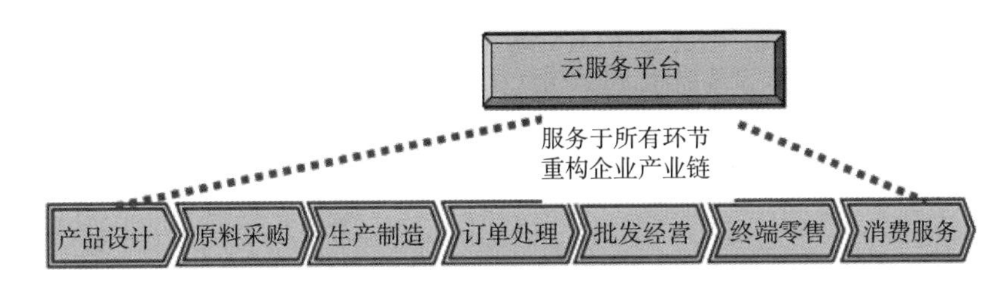

图 4－4 云服务平台全方位服务于企业

简而言之，社区生活圈服务平台为社区居民提供方方面面便利、快捷、绿色、简约的商品和服务，当社区居民享受良好的服务的同时，必然有助于建立良好的社群关系，社区生活圈服务平台是通过新的平台和经济手段带动社区管理模式的转变。同时帮助传统物业管理实现战略转型，进一步科学、高效地实现智慧社区的管理。

（二）以“信用”为根基的社区管理模式

1. 社区信用与信用体系建设

信用体系关系着国家经济安全和金融主权，关系着国家形象和政府职能，关系着经济发展和民生百态。当前，我国信用制度缺位严重阻碍着我国社会主义市场经济向深度发展，阻碍着和谐的社会关系向广度拓展，阻碍着我国国家形象和国家竞争力向维度延展。

我国建立科学合理的国家信用体系，需要考虑政府职能定位、信用信息共享、征信渠道建设、信用管理立法等诸多方面的问题；需要在借鉴发达国家经验的同时，走自主发展和创新之路；需要规避发达国家在现有的信用制度下所出现的漏洞，同时当新的问题出现之前可以自动预警或自主修正；需要在短时间内走完发达国家100多年的信用发展史，即夯实发展的根基，需要普适计算和灵活应用；需要考虑新的信息革命带来的经济发展方式、商业模式、工作方式、生产关系和社会网络的根本性转变等。

而以社区生活圈服务平台为中心，可以调动全民参与，发挥全民智慧，为中国的国家信用保驾护航，为中国企业的信用保驾护航，增加国家和企业的国际竞争力；同时，有信用的人和有信用的社群有利于社会的安定团结，有利于经济的繁荣昌盛，同时倡导和谐的社会价值观。

换个角度，行百里者半九十，技术能解决“九十里”的问题，但最后关键的十里，尤其以“信用”或“相互信任”为根基的生活更具有价值，信用是国家的生命线、社会的生命线、企业的生命线和个人的生命线，更是智慧社区的生命线。例如，“你有一个信息，我有一个信息，我们交换，各有两个信息”，但人们更渴望得到真实、准确、有价值的信息。数字社区如何构建以信用为根基的信息传播路径，如何将以信用为核心的社群关系融入到人与人之间传统的核心价值体系，是建设以“信任”为基础的社会主义核心价值体系和和谐社会的关键，更是智慧社区发挥其产业价值的关键。

建设以“信用”为根基的社区管理模式，除了它带给社区新的变化以外，可以更多地调动资源为智慧社区建设服务，从前面的案例可以看出，当前，参与智慧社区建设的主要是以技术型企业或服务型企业为主，以“信用”为根基，可以同时广泛地调动金融型、商务型、服务型、技术型等各类企业参与的积极性，金融型企业的参与，既可以以社区为中心建立全新的国民信用体系，又可以为社区服务带来更多的资金，加快智慧社区的建设，更可以融合各类企业模式衍生出新的产业发展模式。

2. 以“信用”为根基的社区管理模式创新

社区生活圈服务平台的发展模式，是生产厂家（Manufacturer）和消费者（Consumer）直接对接的一种商业模式（即 M2C 模式），产品或服务的出厂价格就是消费终端的销售价格，也就是说，厂家和消费者之间跳过了中间商，厂商完全主导市场，获得完全的控制权，消费者体验消费，获得质优价廉的商品。传统的商业模式，中间商不仅获得了高额的利润，同时“渠道为王”，主导着商业活动过程。社区生活圈服务平台打破了现有的模式，不仅让厂商和消费者同时获利，而且让厂商和消费者主导着整个商业活动。这种商业模式将给产业带来革命性的变化，传统产业的产业链的各个环节都将发生革命性的变化。

社区生活圈服务平台的渠道模式，扁平化了产业链；其传播模式，扁平化了传播链；其服务模式，重组了企业产业链。传统的方式，这几条链条带给企业的是沉重的负担——成本急剧增加。服务平台将三条链条扁平化，并且协同运作，可以降低企业的成本，节省下来的钱，增加企业的利润，同时让利给消费者，企业获利更高，消费者获得物美价廉的商品。我们同时需要看到，由于三条链条的扁平化，企业的组织结构也会随之发生相应的变化，从而降低企业的生产成本、管理成本等，这是一个良性的循环。

智慧社区凝聚了群体的社会关系、人群结构、知识体系、思辨能力，这是无与伦比的力量，数字媒介环境下，人类首次超越空间的限制，同时兼顾诸多对立而统一的矛盾面，而在人人参与的事实背后，是一个强大的生态系统，自发地支持或调节着众人的群策群力活动。生活的经验告诉我们，我们购买产品，很希望得到朋友的推荐，这是建立在相互信任的基础之上的；同样，我们推荐给朋友的产品，大多数都是自己满意的产品，或者我们会给出这个产品的全方位看法。朋友之间的信用是一种资源，但是这种资源也是有风险的，人们力图避免推荐的风险，将风险降到最低。因此，纵观各类调研报告，人们对口碑（或人际关系之间的信任）的偏爱和信任远高于各种媒体。这也导致口碑传播受到诸多国际大企业的高度重视，新的社群关系、企业与社群的关系也正在形成。

3. 北京智慧社区管理创新与标杆效应

北京市具备良好的政策基础、具备良好的社会基础、具备良好的发展条件，在智慧社区建设方面，一直处于全国的领先地位，并且初见成效。例如政策层面，为了配合《北京市中长期科学和技术发展规划纲要》精神的落实，推动现代技术在社区中推广和应用，满足社区居民各种日常性需求，提升社区居民的幸福度指数，提升社区居民的科学文化素养，由北京市科学技术委员会牵头建立了“社区服务科技应用示范区”，示范区充分发挥政府的引导作用、企业的服务作用和社区居民的参与作用，让现代科技直接为民服务。同时，北京各大社区积极尝试着“一刻钟服务圈”的发展模式，将各类服务直接搬到社区居民家门口，居民足不出户就可以享受各种服务。

本章提出了以“信用”为基础的智慧社区生活圈服务平台发展模式，核心是建立相互信任的社群关系，产业群关系，企业—社区关系，基于此，各级政府、各类企业都可以各司其职，为社区居民提供良好的服务。例如，有实力的企业可以搭建公共服务平台，物业企业的物业管理可以有针对性地集中于平台上的以“物”为基础的服务，比如出租代理服务、物业修缮服务；各类供应商可以提供“吃、住、行”和“游、购、娱”等方面的生活服务，品牌企业可以联合金融企业提供金融服务，而管理规模小的物业企业或供应商，则可以以平台为基础，开展多种服务或经营即可，要避免不切实际地投入巨额资金去建设每个社区自己的服务平台。

此种模式的创新之处体现在以下四点。

（1）基于互联网思维的社区管理模式创新。

“二级政府，三级管理”模式以及市容、环卫、妇联、公安、街道等部门各有需求，各级政府和各个部分从本部门的思维惯性出发，沿用传统的社会管理方法管理不断与时俱进的社区，必然会碰到各种管理难题。

社区生活圈服务平台将管理举措融入社区居民的基本生活之中，这是互联网管理思维，它可以在理顺各个部门的管理职能的基础上，促进部门之间的协同；同时，可以根据发展，明确监管主体、实现归口管理，提高政府监管的效率，避免哪个部门都能管，哪个部门都管不好的现象，乃至促进大部制的改革和发展。

互联网思维的社区管理模式还可以强化政府职能机构对社区管理的整体规划、宏观调控能力和控制力，形成以政府引导为龙头、以物业管理和居委会管理为中坚，以居民参与为主体的金字塔式的管理模式，提升管理的效果，优化国家对社区管理的模式，节约社区管理成本，培养一大批优秀的物业企业。

（2）基于产业链重构的管理模式创新。

新的管理平台和管理模式可以带动传统服务行业转型发展，通过核心平台与产业发展相结合，在约束产业链各个环节主体市场行为的基础上，使其合法经营、公平竞争，同时通过市场合理配置资源，让产业集群发展，防止资源浪费。

社区生活圈服务平台围绕社区居民的“吃、住、行”和“游、购、娱”等六大主要活动提供系列服务，一方面依靠信息技术平台，促进传统服务业向现代服务业的转型，直接培育六大服务产业群，并带动六大服务产业集群发展，既可以促进服务业资源的整合与优化、合作与共享，又可以培育新兴业态，转变服务业经济发展模式；另一方面，以六大服务产业群为基础，带动基于社区生活圈的金融服务、物流服务、商务服务、政务服务、信息技术与网络通信服务和教育培训服务六大现代服务业的发展。

（3）基于云计算的服务模式创新。

基于云计算的服务模式从IAAS（基础设施即服务）的角度来说，支持海量、实时、深度的数据采集、处理分析、挖掘模拟、决策支持，以及信息发布等功能；从PAAS（平台即服务）的角度来说，支持开放式服务平台，易于创新、转移、扩充、开发、集成和维护，并为针对企业和政府的应用软件和发展模式提供系列服务；从SAAS（软件即服务）的角度来说，带动服务业集群发展，以建设特色鲜明、集群发展、协调配套、合作共享、竞争力强的现代服务体系。

当然，这样的平台也可以运用云计算的核心理念——合作与共享进行系统设计。使得当平台逐步发展成熟后，当三网融合、物联网、云计算、智能商务、协同经济和移动商务发展成熟以后，服务平台和诸多成熟的模式直接嫁接成为可能。

（4）基于大数据的市场应用创新。

基于大数据的市场应用创新，体现在以大数据为核心进行突破，逐步建立以“生活、可信任的社群关系、制度与规则、货币等价物”为基础的“数字产业—人—数据—社会系统”的和谐关系，实现生态系统良性循环。

数据、信息、信任、制度与规则、货币等价物是人们生活不可缺少的部分，大数据背景下，诸多要素融会贯通，打通各个要素之间的界限，形成智慧社区产业链，通过生活服务平台融合管理服务，将人与人、社群与社群联系、人—社群与产业联系起来，达到稳定的传播流程、固定的商务活动和持续的交易服务，而社区生态亦逐步拓展为传播生态、商务生态和金融生态等多维生态的融会贯通系统。

综上所述，依托北京市既有的基础服务和基础设施，搭建新型的智慧社区管理平台，有助于资源整合、集约和简约化发展，这将给智慧社区的发展带来标杆性效应。

案例 “互联网+”商业基础设施：国际商都新发展动力

本节着眼于新一轮科技革命和产业革命的重大机遇，着眼于中国经济新常态的新要求，着眼于“互联网+”的鲜活动力，着眼于郑州市国际商都建设的重大战略举措，以中原网的“心通桥”为基础，打造“互联网+”商业基础设施，强化国际商都“新的发展动力”。

“心通桥”经过数年发展，拥有广泛的群众基础、渠道基础、技术基础、数据基础和品牌基础。面对“政府服务网络化、媒体融合、互联网新发展、经济新常态”等诸多重大战略机遇，可以将心通桥打造成基于手机移动端为主的“政府超市”、集政务服务、资讯和社会管理为一体的社区新生态平台，推进政府管理精细化和政府服务网络化；进一步发展为社区居民提供包括“互联网+社区管理”“互联网+政务服务”“互联网+社区媒体”“互联网+生活服务”“互联网+小区社交”“互联网+社区商业”等系列优质服务；并以平台的信息流为中心，带动技术流、资金流、人才流、物资流的汇聚；对接产业资源，在生产（需求侧）和消费（供给侧）之间搭建一条高速公路，精选好产品直接入户，建设优质服务和优质产品高速、高效入户的社区新生态平台；推动互联网和实体经济深度融合发展。

社区新生态平台是以小区为单位建设。以个人和家庭为基础的小区，与社会管理模式相一致，是社会不变的旋律，是人类文明发展的核心场所，是企业梦寐以求的销售或服务终端，是互联网企业争夺的焦点，心通桥依托中原网的优势资源，以政务民生为切入点，循序渐进建立数据人、数据家庭和数据社区。把个人、家庭和社区的根（以数据体现）留住，精准服务于民、服务于各行各业，自如对接新技术和新发展，构建以数据为灵魂的“社区—科技—产业”新生态。

本节强调，打造“互联网＋”商业基础设施，是为了抢占新战略机遇期下新一代互联网发展的制高点，是在供给侧和需求侧之间，搭建一个以“三大网络、一个中心”为基础的商业运行平台。三大网络即以社区居民需求为核心建立需求互联网、以中原网领衔的郑报集团的全媒体资源为核心建立传播互联网、以各类企业的产品或服务为核心建立产业互联网，一个中心即以三大网络互联互通为基础的大数据中心。在新平台上运行的各行各业按照行业的技术标准、服务标准、管理标准集群、集聚发展，并逐步对接科技革命和产业革命，以此推进供给侧结构性改革，提高供给体系质量和效率，增强经济持续增长动力。

“一带一路”上的郑州明确了“三大一中”的定位，即打造大枢纽、发展大物流、培育大产业、建设以国际商都为特征的国家中心城市。国际商都需要血脉经络，“互联网＋”商业基础设施即是这样的血脉经络，其“三大网络、一个中心”，战略上与郑州市国际商都的“三大一中”战略定位相呼应；战术上是“三大一中”的互联网举措、是“三大一中”的补充。网络空间和物理空间协同发展，将促进郑州市“有力、有度、有效”地实现国际商都的战略目标。

一、“互联网＋”商业基础设施建设背景

（一）宏观政策背景

新常态下经济发展的核心是以需求为根的供给侧结构性改革。互联网发展的大格局融合经济发展的大格局，两者发展的核心都在于以消费为基础的需求侧和以生产为基础的供给侧，而供给侧的“生产”和需求侧的“消费”正是新一代互联网的制高点和战略高地。传统互联网是虚拟经济，而新一代互联网则将深度与实体经济融合，“帮助”实体经济的发展。

为此，中原网瞄准新一代互联网的制高点和战略高地，经过反复论证、精心设计，提出在供给侧和需求侧之间，构建“三大网络，一个中心”的“互联网＋”商业基础设施。

（二）国际商都背景

河南省委、省政府经过研究，提出了郑州市未来长远发展定位于“建设国际商都”的重大战略构想。面对新的重大历史机遇，郑州市建设国际商都，传媒不能缺席，尤其是作为市委直属传媒机构的郑州报业集团更得紧紧围绕市委市政府的工作重心，创新理念，打造平台，服务大局。

2016年2月28日，郑州市第十四届人民代表大会第三次会议审议通过了《郑州建设国际商都发展战略规划纲要（草案）》（以下简称《纲要》），正式确立了“国际商都”的概念。国际商都的建设重点围绕“一个中心、三大核心要点、五大战略支撑、十大突破性工程”进行。以此为基础，通过审视自身的优势资源，郑州报业集团旗下中原网开始全力打造“互联网＋”商业基础设施。“互联网＋”商业基础设施以直接关联供给侧和需求侧为基础，围绕着“一个中心、三大网络、五大体系和十大系统”，以“一个中心、三大网络”为基础平台，以社区管理、社区媒体、社区电商、社区服务和资源连接器五大体系为支撑，以独有的十大系统（常规广告系统、社群广告系统、广告共享系统、广告商务系统、广告信用系统、广告精准系统、广告口碑系统、广告证券化系统、广告货币化系统、广告免费系统）为手段，让平台一直保持领先优势，步步为营，打造集“管理、服务、媒体、电商、产业发展、极速物流、网络金融、跨境电商以及云计算大数据”为要素的商业生态和商业平台。

“互联网＋”商业基础设施的三大网络与国际商都的三大核心要点紧密对应。需求互联网以社区为根，亦是以城市为本；产业互联网，毫无疑问是以产业为基，除了高端产业外，还注重帮助各类产业转变发展方式，调整优化产业结构；传播互联网是需求侧和供给侧之间的信息高速公路，同时也伴随着物流高速公路的建设，这与口岸为先的建设理念一致。

在“L”型新常态下，“互联网＋”商业基础设施的建设考虑到了“L”型新常态和可能面临的系列风险，它融入“一带一路”、媒体融合、“互联网＋”等，是国际商都建设的互联网版本，是国际商都新的发展动力和重要支撑，同时是国际商都的有力补充。

（三）行业发展背景

谈到互联网商业基础设施，不得不提阿里巴巴，2016 年 6 月 14 日，马云在阿里巴巴投资者日大会上指出：GMV（商品交易总额）从来不是核心指标，商业基础设施才是。秉承了其对阿里巴巴的一贯定位：阿里是商业基础设施平台。

长期以来，阿里巴巴得到了杭州市乃至浙江省的大力支持。2014 年，阿里巴巴纳税总额为 109.4688 亿元，2015 年则增长至 178 亿元。当然，阿里巴巴回报给浙江省的不只是税收，阿里巴巴的商业基础设施正深刻影响着整个商业格局，其经济带动作用更不可估量。

如今，互联网思维、互联网模式、互联网速度及互联网业态的鲜度、互联网创新的活力、互联网融合的能量“乱花渐欲迷人眼”。但是在这个新兴群体中，河南省并没有涌现出首屈一指的互联网企业。2016 年 5 月 16 日发布的《2015 河南省互联网发展报告》显示，河南省微信用户规模 6526 万人，淘宝用户规模 4468 万人，网上支付用户规模 4487 万人，团购用户规模 1971 万人，网络视频用户规模 2578 万人，互联网与河南经济社会各领域的全面融合蕴藏无限空间，河南省俨然已经成为网络经济大省。但实际情况是，系列消费绝大部分不能实现属地化结算，交易平台的税收更无法为河南省的 GDP 增长作贡献。当前，“建设网络经济大省”已成为全省上下的共识，要和其他省协同发展、支持其他省的发展，但不能只为他省做嫁衣，需要发展壮大本地的互联网企业，更需要瞄准新一代互联网的战略高地、扛好旗、布好局。

此时正当时，各大互联网巨头开始布局新一代互联网，新一代互联网潜能巨大，正如马云所说“和 2015 年前比，我们很大；但和 2015 年后比，我们还是个婴儿”。在新一代互联网面前，传统的互联网企业并没有先发优势，各大互联网企业至今都在摸索中。在新的机遇面前，IBM 让位给了微软，微软让位给了谷歌，谷歌让位给了脸书，如今 BAT（百度、阿里巴巴、腾讯）也正在经历着自身转型的阵痛。

在新的赛场，河南省并没有落后。从政策层面，河南省政府 2014 年年初出台《关于加快电子商务发展的若干意见》、2015 年 10 月 8 日河南省政府印发了《河南省“互联网 +”行动实施方案》，2016 年 1 月省委发布制定河南“十三五”规划的建议，提出要建设网络经济大省；从资源层面，河南省是全国第一人口大省和重要的经济大省，也会是新兴工业大省，河南省具有天然的地理优势、地域优势、市场优势和坚实的网络基础、产业基础；具备发展新网络经济和培育新一代顶级互联网企业的肥沃土壤。

河南省的经济发展不能排斥互联网巨头，但是也不能过度依赖互联网巨头，需要实施开放、创新双驱动战略，抢占互联网发展的新高地，搭建听“我”调遣、为“我”所用，能够实现属地化结算，交易税收为本省 GDP 作贡献的自主的“互联网+”商业基础设施。

郑州市作为河南省省会，资源富足，位列全国十大互联网骨干枢纽之一，正逐步成为全国重要的数据枢纽中心，郑州市的国际商都建设正带领郑州市乃至全省腾飞。互联网是新兴产业、绿色经济、拥有带动社会发展、城市建设、产业变局的巨大力量。河南省建设网络经济大省，核心在于抓住新机遇、抢占新高地、搭建“互联网+”商业基础设施，郑州市引领新一代网络经济发展，与国际商都的建设一样，是历史的选择，也是落实国家网络强国战略、“互联网+”战略的重大举措。

中原网是郑州市互联网的一面旗帜，其传播力长期位居中国城市网站传播力前茅，全网员工上下齐心协力，将借助新的互联网风口，打造“互联网+”商业基础设施，实现网站发展质的飞跃，同时引领网络经济发展新格局。

二、中原网的优势资源与新平台建设

（一）中原网的优势资源

2016 年 7 月 12 日，郑州中原网络传媒股份有限公司成立，同日，中国城市网站传播力 6 月榜单出炉，中原网总榜位列前位，移动端、微信段占据领先位置，PC 端进入全国前四。次日，中国新闻网站综合传播力 6 月榜单出炉，在包含人民网、新华网、中新网、环球网、央视网等所有中央媒体，以及全国各省市网络媒体等网新办许可和确认的 250 家互联网新闻信息服务单位传播力比拼当中，中原网综合传播力位列 23 位，PC 端传播力排行第 15 位、微信传播力位列第 6 位，各项排名在河南省均居第一。

长期以来，作为郑州报业集团的探索先锋，中原网坚持以先进技术为支撑、内容建设为根本，打造有强大传播力、公信力、影响力的新型主流媒体，并以平台的信息流为中心，带动着技术流、资金流、人才流、物资流的汇聚，推动着互联网和实体经济深度融合发展。

中原网发展熠熠生辉，成绩有目共睹，更重要的是，中原网拥有全国示范性的独特产品——心通桥。“心通桥”基于四级管理模式和网络化管理模式，拓宽了全市各级社会管理部门与广大人民群众沟通的渠道，调动了广大群众参与社会管理和社会监督的积极性，提高了各级社会管理部门的行政效能，实现了自上而下和自下而上两个机制相结合的闭环发展。2012 年，“心通桥”获得河南新闻奖一等奖。2013 年，“心通桥”获得中国新闻奖一等奖，国务院新闻办公室向全国推广“心通桥”网络行政的先进经验。

（二）新平台建设的战略构想

中原网为“互联网 +”商业基础设施的平台建设奠定了坚实的群众基础、渠道基础、数据基础和品牌基础，其中“心通桥”的四级管理模式和网格化管理以社区居民为中心，为需求互联网的建设奠定了坚实的基础；中原网强大的传播力、公信力和影响力则为传播互联网的建设奠定了坚实的基础；加之中原网的中原大数据，中原网可以高效地建立以大数据为中心的传播互联网和需求互联网，进而以传播互联网和需求互联网为双轮驱动产业互联网的发展，带动各行各业的转型升级，助力各行各业精准对接科技革命和产业革命，从而构建以数据为灵魂的“社区—科技—产业”新生态，资源共享、融汇融合、共建共享、开拓创新、互惠互利，从而形成以互联网平台为核心，各行各业协同发展的模式。通过新平台，直接关联“生产”和“消费”，逐步弱化甚至砍掉中间环节，建成原产地商品直接入户的信息高速公路和物流高速公路，并以此为基础，建设各行各业商业运行的“基础设施”，一站式解决企业的市场、资金、渠道等难题，企业只需做好产品或服务，其他一切都在“商业基础设施”上高速运行。

（三）新平台建设的核心举措

在“社区—科技—产业”新生态中，社区是根基，科技是手法，产业是支撑，数据是灵魂。其需求互联网以社区管理、社区服务和社区电商为切入点，以满足社区居民的消费需求为基础，循序渐进建立数据人、数据家庭和数据社区，把个人、家庭和社区的根（以数据体现）留住，精准服务于民、服务于各行各业，自如对接新技术和新发展。产业互联网群则立足于助力传统行业全面融入互联网，并帮助合作企业牢牢掌握发展的主导权、话语权和定价权。同时联动发展，深化信用体系，建立以消费数据和产业数据互联互通为基础的大数据中心。

借着中原网成立股份公司的东风，中原网可以以“互联网＋”商业基础设施建设为新的发展契机，将其打造成郑州市新名片和标志性重点工程，落实媒体融合战略和“互联网＋”战略为社区居民服务，落实“一带一路”倡议为各行各业服务。

三、新平台的社会效益和经济效益

（一）新平台五大体系的定位

“互联网＋”商业基础设施平台的五大体系为：社区管理、社区媒体、社区电商、社区服务和资源连接器。

社区管理以现有的“心通桥”为基础进行升级改造，以网络问政、网络行政；便民信息、便民政务和清朗网络空气为抓手，以小区为中心进行管理，通过网络走群众路线、顺大势、聚正能、打好旗。

社区媒体以小区居民为中心，心贴心、沟好通、服好务，其将媒体服务细分到小区，为各个小区居民提供个性化的资讯或媒体报道，落实媒体融合战略为小区居民服务。

社区电商以小区居民的生活需求为核心，为居民提供各类名、特、优产品和各类优质服务，同时以社区需求为抓手，落实国家精准扶贫战略，大众创业、万众创新战略，以及供给侧结构改革战略等。

社区服务则为居民提供各类服务，包括生活服务和政务服务。

资源连接器以“互联网＋”商业研究院为表现形式，定位于引智力、做标准、聚资源，对接政策、建言献策等。“互联网+”商业研究院是智库连接器、技术连接器、服务连接器、产业连接器和资源连接器，研发并主导建设“需求互联网、传播互联网和产业互联网”互联互通为根基的商业新规则、新模式、新生态和新秩序。同时，搭建一个“政、产、学、研、用”等各类机构和企业“需求对接、人才对接、项目对接、扩大宣传、资源共享、经验交流、拓展商圈”的平台。全面为“互联网+”商业基础设施建设服务。

（二）新平台的社会效益

1. 走群众路线

通过升级改造“心通桥”，一方面将继续通过网络走群众路线，践行着“网络行政为人民，网络行政靠人民”的人民群众观，形成政府和广大网民参与的问政和行政的生态系统，帮助群众解决各类问题。另一方面，将发挥人民群众的作用清朗网络空间，让净化网络空间、维护网络安全的触角延伸到互联网的各个角落，激活网民的监督力量“心往一处想、劲往一处使”，既是一种监督，又是一种警示和威慑，可以变静态的事前管理和事后监督为动态的即时、即刻监督和管理，还网民一个干净的网络环境，营造网络空间宣传正能量、弘扬主旋律的舆论氛围。此外，将为郑州市各级党政机关和领导干部搭建一条了解社情民意的快速通道，助力党政机关和领导干部贴心为群众服务。

在项目建设的过程中，以现实社区为基础进行建设，将社区服务的触角直接延伸到小区居民身边，为小区居民解决各类生活问题，心贴心地为社区居民服务，同时伺机拓展至“虚拟社区”。以现实社区人与人之间、家庭与家庭之间的邻里友好、和睦氛围为基础，建立可信任的社区关系，进而拓展至网络虚拟社区，从而建立以“信任”为纽带的现实和网络社区关系，建设以“信任”为基础的社会主义核心价值体系。

2. 助力精准扶贫

我们党确定的第一个百年奋斗目标是“到2020年全面建成小康社会”。截至2014年年底，河南省有8103个贫困村，农村贫困人口576万人。其中，大别山、伏牛山、太行山、黄河滩区“三山一滩”地区有贫困人口 403.6 万人，是河南省扶贫开发的重点地区。2015 年，全省对 1000 个贫困村实施整村推进，再对 5 万深石山区群众实施搬迁，完成 1.67 万黄河滩区群众迁建入住，实现 120 万农村贫困人口稳定脱贫。

为了帮助河南省农村切实地全面建成小康社会，可以通过“互联网+”商业基础设施的需求互联网和传播互联网为双轮，驱动农村产业的发展，并引导金融资本投资农业市场。其中，重点是用“传帮带”的方式，用农业科技和产业互联网带动贫困村的产业发展，帮助农民脱贫，甚至发家致富。

（三）新平台的经济效益

商业基础设施平台包括基础层、核心层和应用层。

（1）基础层包括平台基础设施和大数据中心。平台基础设施包括服务器、存储设备、中间件、路由器、交换机、防火墙等基础设备，以及资源管理等；大数据中心包括结构化数据采集（含采集接口管理、采集模板定制、采集资源审核、数据处理分析等）和非结构化数据采集。

（2）核心层包括需求互联网（需求互联互通）、传播互联网（传播互联互通）和产业互联网（服务或产业集群发展）。

（3）应用层即为社区居民提供的六大现代服务业的个性化和共性化应用。根据平台的发展，可以逐渐开发新的应用。

基础层对应的是科技市场和智能数据、核心层对应的是产业市场和传媒市场、应用层对应的是服务市场。

以发展初期的盈利模式为例说明。发展初期盈利模式主要有以下三种。

1. 常规盈利模式

主要为以传播互联网为主的广告盈利模式，平台的传播互联网将下沉到社区，以社区媒体形态体现。社区媒体的广告价值，参照北青传媒的模式可见一斑。2013 年 9 月，北青传媒集团启动了第一份社区报——《北青社区报·顺义版》，两年之后，在北京市一共建了 39 个分社，一个 APP，28 份报纸，100 多个社区驿站。2014 年，北青社区传媒营收 1000 多万元，2015 年高达 4000 多万元。这在传统媒体营业收入不断下跌的情况下实属难得，也充分说明了传统媒体下沉社区的广告价值。值得重点说明的是，北青传媒的模式是单一的传媒生态。“互联网+”商业基础设施下的模式是三大网络互联互通的融合生态，广告市场潜力巨大。

2. 数据应用模式

数据应用模式有企业数据云服务、行业数据云服务、区域政府数据云服务等。

3. “融和”经济业态模式

“融和”强调“融合”和“和谐”共存，“融和”经济业态模式有供应链金融模式、产业链重构模式、价值链整合模式等。

四、社区新生态平台的可行性分析

（一）“互联网+政务服务”的价值

以“互联网+政务服务”作为市场切入点，是因为政务民生类APP无论是政策层面还是市场空间，都有很大的利好。

中国在改革开放的第一阶段已经取得了世人瞩目的经济成就，现在改革进入深水区，所谓深水区更重要的就是软实力的建设、精细化的管理，用城市管理水平的改进来提升社会的和谐、经济运转的效率。2016年国务院政府工作报告中指出：大力推行“互联网+政务服务”，实现部门间数据共享，让居民和企业少跑腿、好办事、不添堵。简除烦苛，禁察非法，使人民群众有更平等的机会和更大的创造空间。2016年6月28日，国家互联网信息办公室发布了《移动互联网应用程序信息服务管理规定》，明确提出鼓励各级党政机关、企事业单位和各人民团体积极运用移动互联网应用程序，推进政务公开，提供公共服务，促进经济社会发展。

事实上，根据“心通桥”的实践数据，影响社会和谐和经济效率的一个非常重要的方面就是管理效率的低下。解决这一问题的核心就是网络化、公开化、透明化、制度化，互联网时代给了我们解决问题的路径和方法。苏州市的经验值得借鉴，苏州市早已实行了“政府超市”的做法，超过95%的窗口职能全部集中在一个类似大卖场的“政府超市”里，并且辅以市民的评价和政府的绩效考核，这也是为什么苏州市作为一个非省会城市，其GDP在数年前已经超过9000亿元的原因，政府服务意识强、社会运转效率高。

但在互联网时代，传统做法显然已经落后而且成本太高，网络给我们提供了更优的解决方案。社会急需这样一个综合的网络应用服务平台，但为什么鲜有城市这样做到？

从政府层面，浙江省政府着力打造了一个“浙江政务服务网”；从单个系统，比如公安系统利用微信推行便民服务；从大型网络服务商，BAT（百度、阿里巴巴、腾讯）在各省签署战略合同。但这些都没有形成一个标志性的平台，原因如下。

（1）网络时代已经从PC端转移到了移动端，以手机为代表的移动端已经形成垄断之势。

（2）单个的平台无法满足市民的综合需求而用户量太小。

（3）区域过大过小都有天然的用户屏障。

（4）服务需要以信息传播为先导，诸多平台没有和媒体深度结合。

功能单一的政务民生类APP或微信公众号会淹没在信息的海洋，而且并不能一站式解决市民的诸多问题，综合性的“互联网+政府超市”是大势所趋。媒体，尤其是当地的主流媒体正是这样的架通政府和市民的天然桥梁。主流媒体和政务服务的结合必将催生出一个全新的、为广大市民接受的高效平台。在为广大市民排忧解难的同时，也为相关政府部门节约了大量人力、物力和财力成本。“心通桥”新平台可以成为郑州模式和郑州名片，也可以促进城市管理的提升、社会和谐的提升、经济效率的提升。

（二）社区媒体的价值

当前传统媒体的融合策略，无论是渠道层面的融合——两微一端，还是内容层面的融合——“新闻超市”或“中央厨房”，都是基于外资控制的互联网产业版图而设计，让传统媒体更高效地为互联网巨头服务，更好地为互联网巨头“打工”，因此传统媒体既不能掌控舆论阵地的制高点，又不能提升经济效益。“互联网+”商业基础设施项目所开发的社区媒体将根植于社区为居民提供个性化资讯、弘扬主旋律、宣传邻里之间的和睦与友好、培育良好的社区文化氛围。社区媒体的价值除了抢占舆论宣传新的制高点以外，其经济效益巨大。

（三）新平台的产业价值

社会总生产过程包括生产、分配、交换和消费，传统的互联网模式主要集中在分配和交换环节。在这样的平台上运行，企业的成本当前居高不下，例如在天猫开店，平均成本如下：人工11%、天猫扣点5.5%、推广成本15%、快递12%、售后2%、财务成本2%、水电房租2%，加上税务成本，网店的成本不亚于实体店的成本。从整体数据来看，6万家天猫店，不亏损不到10%，淘宝600万家网商，只有5%盈利。

在传统电商模式被诟病的同时，一些全新的模式开始涌现。例如，"必要"的C2M模式（Consumer to Manufacturer）值得高度关注。必要平台由原百度市场总监，乐淘董事长毕胜先生投资设立，它是用户直连制造的电子商务平台，采用C2M模式实现用户到工厂的两点直线连接，去除所有中间流通环节，连接设计师、制造商，为用户提供奢侈品质，平民价格，个性且专属的商品。

"必要"刚上线时采取的核心解决方案是，为用户搭建直达全球优质制造的平台，为此，其招商有以下三个原则：

（1）商家必须是100%奢侈品质，1%价格的经营方式。

（2）商家必须是奢侈品或国际顶级品牌的制造企业。

（3）商品满足用户的个性化需求。

随着用户规模的扩大，"必要"的商品选择也越来越宽松。需要说明的是，"必要"的市场推广并不是以补贴作为主要手段，而是依托媒体报道和人际传播作为重点推广方式，这在APP推广普遍采用补贴大战的市场上来说，难能可贵，也充分说明，正品、低价，直接关联生产和消费的模式具有良好的市场和巨大的活力。

"必要"模式的优势是：从工厂直接下单，减少渠道环节、营销环节，而且选择的产品是由给奢侈品代工的工厂生产的，相当于把具有奢侈品版式和品质的服饰、日用品直接在网站上销售，把利润让给消费者。

"必要"模式的劣势也显而易见：其服务的品类少，品种更少；供货周期长，消费体验差等。而且它并不能解决商家的系列问题，诸如规模化生产和规模化销售同步问题、去库存问题、个性化产品模块的停工损失、产品的后续服务问题等，所以只能局限在特定商品，只能是制造企业的补充销售渠道。

“心通桥”新平台的建设，即是以社区居民的消费需求为切入点，逐步整合各类资源，帮助企业解决线下难题，以此获得核心竞争优势。

当然，任何一种模式的建设都不是一蹴而就的，“心通桥”选择社区作为突破口，以社区为中心，层层布局、步步为营，建立直达生产和消费的高速公路。

（四）平台发展的风险与对策

1. 市场竞争的风险与对策

“互联网+政务民生”是各地政府工作的重点，部分城市的政府投资金额超过千亿元，腾讯旗下“企鹅智酷”指出，这是一个5年万亿元规模的市场。这是一个巨大的市场，网络巨头均在进行布局，提供一站式服务平台，解决政务民生服务网络入口难找、流程复杂、利用率低等问题。但是，从竞争和合作的角度，从入口的角度来说，网络巨头的一站式服务，表面上对于政务民生类APP是一种风险，实质是更大的机遇。

以广州市场为例，广州是“微信城市服务”首先开通服务的五大城市之一，但我们看到，“微信城市服务”并没有阻碍“广州通”的发展。“广州通”是中国联通广州分公司为了响应“智慧城市”的建设主题，联合广州各行业优势数据资源，为广大广州民众提供各种便民优惠服务的移动互联网公共服务平台。“广州通”是政府基于移动互联网的便民服务统一门户和统一品牌。2016年6月14日，广州市工信委表示，广州已将过去市民政局、市城管委、市公安局、市体育局等各个部门各自为政的APP统一集合为“广州通”APP，提供政府便民、车主服务、交通出行、医疗健康、本地生活五大模块共40多个功能，今后广州的各政府部门也不再单独设APP。

2. 未集合政务服务的市场风险与对策

“广州通”在上线时集合了政府便民、车主服务、交通出行、医疗健康、本地生活五大模块共27个功能项，在开通之初，在政府服务不完善的情况下，其采用的核心策略为，展示广州城市风貌和联通 4G 介绍及关联服务。

为提高政务服务质量，“心通桥”APP 可开通更多政务民生服务项目，依托中原网的优势资源及心通桥原有的优势资源，以社区媒体为基础，以网络行政和清朗网络空间为双核，以社会管理为切入点，同时可以增加社交功能模块。一方面，构建 O2O 行政、社区生态助政体系，夯实网格化管理；另一方面，落实媒体融合战略为社区居民服务，增强政治高度上的亮点；再者，最主要的是，集合政府管理方面的精细化资讯，鼓励政府各部门发布与市民息息相关的生活服务或信息，比如群租、流浪犬、破坏房屋结构、食品安全、交通设施、物业服务管理问题、交通管理问题、违法建筑问题、冬季的供水报修问题、城市管理问题、噪声油烟空气等环境污染问题、商业服务问题、机关事务管理问题、社会治安问题、垃圾扬尘渣土等环境卫生问题。使得“心通桥”成为发布市民喜闻乐见的、与自身生活息息相关的资讯的统一窗口，同时让政府各委办局的力量汇聚，掌握网络话语权。

3. 整合政府服务的风险与对策

高频刚需的政务服务能吸引粉丝和留住粉丝，“企鹅智酷”的调研表明：

（1）基于社交、聚合碎片化的各类政务民生服务；基于地理位置、提高办事效率的政务民生 APP 将有更大发展空间。

（2）交管车管业务、医疗服务和生活缴费是政务民生领域的高频刚需型服务，也是目前互联网渗透过程较为顺利的领域。这些服务成熟后有助于带动更多民生部门参与。

“心通桥”可以分级分类推进各类政务服务，推进智慧城市建设，最终集合各类政务服务，让百姓通过“心通桥”新平台一站式解决各类服务，高频次和刚需型本地公共服务是主要突破口。

4. 市场路径选择的风险与对策

纵观互联网的发展历史，诸多知名的网站和 APP 都不是一蹴而就的，尤其是 APP 市场，在用户被 APP 的补贴大战惯坏了的当前，选择什么样的路径，以低成本的方式高速拓展，是我们需要深思熟虑的。

“心通桥”APP着眼于“心通桥”的长远发展，底层架构可以融合社交基因和地理位置基因进行设计，集政府绩效、管理效果、服务效率和产业发展为一体，形成心通桥的核心优势：

（1）网格化管理：以网络问政为基础，建立O2O问政、行政体系。

（2）网格化监督：以全民监督为基础，建立清朗网络监督服务平台。

（3）服务网络化：分级分类集合政务服务，一站式解决各类服务。

（4）立体化传播：陆海空网协同，传承城市文脉，培育文化灵魂。

（5）网格化沟通：实时沟通，推动政府、社会、市民同心同向行动。

（6）产业化支撑：以社区消费为核心，对接各类服务和产业资源。

需要重点说明的是，“心通桥”的APP的地理位置和社交模式是以小区为单位进行设计的。一方面，与政府倡导的网格化管理模式相一致；另一方面，与互联网巨头的布局方向相一致。“心通桥”APP无论是管理、服务还是产业化，都为精细化运作奠定了扎实的基础。

专题五
“互联网+”现代农业云服务平台

为了深入贯彻落实党的十八届五中全会精神，依据《中共中央关于制定国民经济和社会发展第十三个五年规划的建议》中农业现代化的目标要求和《国务院关于积极推进“互联网+”行动的指导意见》中“互联网+”现代农业的顶层设计，充分考虑到新一轮科技革命和产业革命的重大机遇和中国经济新常态的新要求，结合农业在国民经济中的战略地位和河南省农业发展的迫切需求，河南省科协建议以“科技服务农业现代化、社区科普、精准扶贫”为抓手，建设河南省自主控制的公益性现代农业云服务平台。

为此，本书提出《河南现代农业云服务平台建设方案》，方案提出：要充分用好、用活河南省科协的优势资源，充分吸引各类资源为我所用，以需求互联网和传播互联网双轮驱动带动农业产业互联网的发展、建设农业大数据中心，以“一个中心、三大互联网”助力河南省农村早日全面建成小康社会。

该方案力求以务实的态度、科学的规划、合理的路径和可行的策略、实实在在践行“互联网+”农业河南模式，借以加速推动河南省农业现代化的进程，助力构建科学合理的农业发展格局，找准河南省经济弯道超车的突破口，乃至国家经济弯道超车的突破口，助力我党确定的“两个一百年”奋斗目标率先在河南实现。

一、项目概况

（一）云服务平台的发展定位

项目以“科技服务农业现代化（简称科技服务）、社区科普、精准扶贫”为抓手，建设河南省自主控制的现代农业云服务平台。

该云服务平台以社会效益、公益性为主，兼顾经济效益，实现可持续发展。通过搭建“科研（农技）”“生产（农业生产）”和“消费（社区需求）”互联互通的信息化服务平台和商业生态，让农业拥抱科技，让农民拥抱网络，让农村拥抱城市，让农民享受“互联网+”“三农”带来的便捷和实惠。

（二）省科协与平台对接的优势资源

省科协将集中优势力量，聚焦“科技服务、社区科普和精准扶贫”，建设云服务平台，为“三农”提供优质服务。围绕着这三个方面，省科协与平台对接的优势资源主要体现在以下三点。

（1）省科协农业科技资源丰富。

云服务平台中的科技服务农业，关键是建设“三农”科技智库，搭建科技与服务、专家与农技员、农技员与农民、农业“双创”与农村发展的信息化桥梁。

河南省科协是全省科技工作者的群众组织，是省委省政府联系科技工作者的桥梁和纽带，是推动河南省科技事业发展的重要力量，是科普工作的主要社会力量。省科协广泛开展建家交友工作，与河南涉农科研、教学、技术推广单位的专家学者建立了良好的关系，联系了一大批涉农各学科的领军人物，具备建设“三农”科技智库和信息化桥梁的先天优势。

（2）社区科普可引领社区消费。

省科协积极贯彻中国科协和省委、省政府的部署，坚持把社区科普作为公民科学素质建设的重要抓手之一，积极整合资源，加强社区科普基础设施、科普人才队伍和科普教育阵地的建设，构建社区科普的服务网络，有力推动了社区科普工作的群众化、社会化、经常化。社区成为科普工作的重要阵地，社区居民成为公民科学素质建设的重点人群。2006年以来省科协先后命名省级科普示范社区576个，84个社区在中国科协、财政部实施的社区科普移民计划中获得表彰，打造了社区科普大学、社区科普大讲堂等活动亮点，科普工作成为科协系统联系社区居民的纽带和桥梁。

云服务平台聚焦社区科普，可以将社区科普和社区居民的生活需求融为一体，既可以解决农产品的销路问题，又可以促进科普工作采用互联网方式更高效地进行，进一步又促进更多社区受益、有更多社区居民采购农产品，形成“社区科普和居民消费相互促进”的良性循环。

（3）示范效应带动精准扶贫。

省科协通过科普惠农兴村计划和基层科普行动的实施，培育了一大批具有一定区域辐射带动能力、示范作用显著的农村科普示范基地和农村专业技术协会。其中大部分是种植、养殖和农产品加工龙头企业和农村经济合作组织。目前，在科协系统备案的示范基地有7000多家企业，农技协近10000家企业，初步形成服务全省主要农业生产经营主体的网络，在服务农业生产中，与农业生产环节建立了紧密联系。

今后，基于云服务平台，将示范基地、农技协与贫困村、贫困人口建立紧密联系，带动精准扶贫工作全面有效地展开。

二、“互联网+”现代农业面临的问题

2015年，从中央一号文件、中央农村工作会议，到《国务院关于积极推进“互联网+”行动的指导意见》，直至十八届五中全会，都将“互联网+”现代农业提升到国家战略高度。一夜间，“互联网+”现代农业的各个领域成为了竞争的红海。

农业是全面建成小康社会、实现现代化的基础，而“互联网+”现代农业则是大力推进农业现代化的基础，要贯彻落实中央有关农业的发展目标，建设河南现代农业云服务平台，不得不正视诸多问题。

（一）传统互联网模式助力农业，路途维艰

商务部资料显示，2014年中国社会消费品零售总额为26.2万亿元，其中农产业及食品总规模为9.3万亿元，农资总市场为2.2万亿元，巨大

的市场空间，加之从国家到地方都吹响了“互联网+”现代农业的号角，在市场和政策的双重刺激下，各类企业高举互联网的大旗涌入农村市场，2016年，我国涉农网站超过3万家，其中农业电子商务网站近4000家，涉农APP更是不计其数。

看似美好，但是需要注意的是：

（1）涉农互联网以农业电商为主，而农业电商企业的业务主要集中于农产品交易环节，农产品交易被业内人士和投资者认为是继图书、服装、3C（计算机、通信和消费类电子产品）之后的第四轮电商重地，农产品交易也被认为是最容易见得到效益的环节，自然成为竞争的焦点。但是，中国电子商务中心发布的《2014—2015年中国农产品电子商务发展报告》显示，仅有1%的农产品电商企业盈利，另外的7%亏损，88%略亏，4%持平。

（2）农业电商企业在高速发展之中盲目扩张，发展模式千篇一律，主要以淘宝模式、天猫模式和京东模式为主。诸多企业或多或少给农业带来了变化，但是一个不容忽略的事实是，淘宝600万网商，只有5%的能够盈利，天猫6万家品牌店或旗舰店，只有不到10%的不亏损。

（3）截至2015年6月，我国网民中农村网民占比为27.9%，规模达1.86亿元，农村地区互联网的普及率为30.1%。农村地区互联网普及率低，如何培养农民的网购消费习惯等问题被认为是农村电商的难点。一方面，传统农业电商模式偏重于将农村作为最大的消费市场去开发，而不是帮助农民开源节流；另一方面，即便农民都能上网了，也会碰到新的难题，如当所有人拥有信息，如何选择和甄别有效的信息会成为新难题。因此，需要重点关注的是，“互联网+”现代农业的重点不只是需要完善农村互联网基础设施，而是需要在既有的条件下，突破常规模式，找准路径，扎实稳步推进，“利用互联网提升农业生产、经营、管理和服务水平”。

（4）2010年7月，联想控股成立农业投资事业部，斥资数十亿元进入现代农业这一领域。联想的农业模式设想从农业全产业链切入，利用互联网技术将农业的生产、经营、管理和服务等各环节打通，将农业这列陈旧的火车从头到尾分布式安装互联网动力系统。联想的农业模式，有所创新，但本质上还是传统互联网模式的延续。

当前中国农业电商，进展缓慢。时间紧，任务重，传统模式面临前述种种不足，目前尚未找到突破方向，需要找准“互联网+”现代农业的核心环节和核心突破口，采用全新的模式，集聚、集群、集约内涵式发展，助力“一二三产业融合发展”，助力农业“走产出高效、产品安全、资源节约、环境友好的农业现代化道路”。

（二）对于互联网巨头进军农业，需防范风险

2015年4月24日，农业部、中央农办、国土资源部、国家工商总局四部委联合发布了《关于加强对工商资本租赁农地监管和风险防范的意见》，意见对“挤占农民就业空间，加剧耕地‘非粮化’‘非农化’倾向”等诸多风险隐患进行了详细阐述，并提出了明确的监管要求。“互联网+”农业现代化涉及农业全产业链，也需要防范风险，特别是对互联网巨头进军农业的风险，需要未雨绸缪。

1. 从互联网发展史来看，农业电商并不能独善其身

2015年10月12日，2015中国（北京）电子商务大会在北京召开，刘强东在大会上发表演讲时指出：中国整个电子商务发展十几年为国家经济做出了巨大的贡献，但也有弊端，比如说假货就是之一。中国好不容易花十年时间培养了大量的中国本土服装品牌，非常优质的品牌，可是电商给了假货横行的渠道，导致中国今天本土服装品牌很多都是亏损的。一夜之间又让消费者回到了20世纪80年代。

2015年1月23日，国家工商总局发布《2014年下半年网络交易商品定向监测结果》，结果显示淘宝的正品率仅37.25%。不少互联网平台是劣币驱逐良币的舞台，一旦这种情况在农业发生，农业也必将倒退好多年，我们不能不防。服装属于电商重点发展的四大领域之一，一直在转型中寻求新的方向，有的甚至至今找不到摆脱困局的良策。农业的基础与服装业、图书业的基础类似，既有的农业电商不能让农业“独善其身”，更不能“达济天下”。

2. 现有互联网商业逻辑与农业产业生态不兼容

农业的核心环节一旦被互联网巨头掌控，一旦农业达不到互联网企业的利益要求，互联网平台易倒逼供应链，或以弱化农业的根基为代价，

获取自身的可持续发展，这类方式，在诸多互联网平台的发展过程中屡见不鲜。

面对互联网企业，农业企业根本没有与之议价的实力，一直以来农业的三高"高成本、高价格、高补贴"的状况一直没有改变，如果互联网企业采用既有的商业逻辑，易破坏农业产业生态。

3. 互联网与农业要相互融合，去芜存菁

互联网的融合力和大数据的软实力互联互通，数据已成为国家基础性战略资源、是国家竞争力的重要组成部分，网络安全和数据安全是国家高度关注的重大问题。中央网络安全和信息化领导小组就着眼国家安全和长远发展；2015 年 8 月 31 日，国务院印发的《促进大数据发展行动纲要》也着眼于数据安全和产业安全。"十三五"规划建议也指出"建立风险识别和预警机制，以可控方式和节奏主动释放风险，重点提高财政、金融、能源、矿产资源、水资源、粮食、生态环保、安全生产、网络安全等方面风险防控能力。"

大力推进农业现代化时，既不能过度依靠互联网巨头，又不能排斥互联网巨头，更重要的是，需要创新发展，有能力让互联网企业与其相辅相成。

三、云服务平台的全新模式

（一）云服务平台的全新系统

党的十八届五中全会公报中指出，通过"释放新需求，创造新供给"，以"推动新技术、新产业、新业态蓬勃发展"。

河南现代农业云服务平台的建设以"新需求"和"新供给"为突破口，充分考虑到"互联网+"现代农业面临的系列问题，在博采众长的基础上，在洞悉了互联网新发展的基础上，经过反复论证、精心设计，提出了切实可行的"一个核心，三大网络"的全新体系。

三大网络，即以城市社区为核心建立需求互联网；以河南的主流媒体为核心建立传播互联网；汇聚全国的科技力量，以科技为核心建立农业产业互联网。

一个核心，即以三大网络为基础，建立以需求数据和农业产业数据互联互通为基础的河南农业大数据中心。

河南现代农业云服务平台的发展模式则为：以需求互联网和传播互联网双轮驱动带动农业产业互联网的发展、积累农业大数据；以一个核心、三大网络助力推动河南省农业现代化的进程、构建科学合理的农业发展格局，助力河南农村早日全面建成小康社会。

（二）云服务平台的立足点

社会生产总过程包括“生产、分配、交换、消费”四个环节。传统的互联网模式着力于“分配”和“交换”环节，即商业流通体系，并牢牢控制这两个中间环节，以价格战为主要手段，以“建立商业文明、创新发展模式、引导消费升级、重构商业生态”等为口号，控制核心资源，实现自身的高速发展。2015 年 9 月 22 日，经济学家许小年在正和岛论坛上对这类模式的评价是“需求这端不着边，供给也不着边，中间幻想一个百亿市值的公司”“不创造价值”；华为总裁任正非指出，互联网是个实现工具，实业是就业和社会稳定的基础，低价格、低质量、低成本会摧毁未来的战略竞争力。

在“生产”和“消费”两个核心环节，在实业领域，传统的互联网企业没有发展优势，传统互联网企业也希望在“生产”和“消费”环节有所作为，在农业领域，他们往往采用原有的商业逻辑，以农产品交易为主。然而由于农村市场比以往的市场更为复杂，当农业电商处于僵局时，包括阿里巴巴和京东在内的互联网企业则转向生产环节，以资本作为主要驱动力，试图借助农村信贷打破这一僵局，但并不被看好，而且从根源上来看，它解决不了“互联网 +”现代农业面临的诸多问题。

“生产”和“消费”两个核心环节是新一代互联网的制高点和战略高地。传统互联网是虚拟经济，而新一代互联网则将深度与实体经济融合，要“帮助”而不是“破坏”实业的发展。

河南现代农业云服务平台的“一个核心、三大网络”即立足于生产和消费环节，以双轮驱动农业发展，并与农业深度融合，助力农业健康、高效、安全发展。

四、云服务平台的总体架构

现代农业云服务平台的总体架构围绕着“一个核心”和“三大网络”进行构建。

（一）云服务平台的一个核心

“一个核心”即农业大数据中心，它需要按照全新的模式，从无到有，构建以数据为灵魂的“需求—科技—农业”新生态，资源共享、融汇融合、共建共享、开拓创新、互惠互利。三大网络是农业大数据的发展基础，反之，农业大数据中心将促进三大网络互融互通。同时，基于这种架构，能极大地降低平台自身的运营成本、良好地实现平台的造血功能，有利于云服务平台可持续地为农业提供系列公益性服务。

“一个核心”是“互联网+”现代农业的航空母舰，“三大网络”是农业互联网航母战斗群的重要支柱，“一核三网，互联互通”，直接关联“生产”和“消费”，有利于建成原产地农产品直接入户的高速公路；有利于国有资本或民营资本掌控核心环节，进而调动国际资本为我所用，听我调遣；有利于一站式解决农业的市场、资金、渠道等难题，农业企业只需做好产品或服务，其他一切都在河南现代农业云服务平台上高速运行。

（二）云服务平台的三大网络

1. 需求互联网

需求互联网是以社区为中心，将社区居民的需求联成网，目的是让各类社区成为农业的大市场。

当前，欧美市场最有效的农产品电商模式为农业社区化运营模式，其中CSA（Community Supported Agriculture，社区支持农业）模式最具代表性，但也面临发展困局。

再比如，豫媒优品三定安全生活平台，旨在为城市高端家庭提供高品质特色农产品，亦对社区支持农业的模式做了有益的尝试，但是大众化的农产品如何满足大众化的市场需求，如何助力农村全面与城市社区互融互通，这是CSA和三定安全生活平台都遇到的发展困境。

需求互联网可以很好地解决这个问题，需求互联网是以销路带来出路，解决农业的最关键问题，即在消费环节，让城市社区成为农业的大市场，将社区需求互联互通，以需求互联网解决农业发展的后顾之忧。

2. 传播互联网

2015年1月，河南省最具互联网精神的两家主流媒体农家参谋杂志社与河南电视台新农村频道签订了战略合作协议，达成战略合作以来，两家合作在农业互联网领域做了诸多尝试。如今两家媒体达成共识，在河南现代农业云服务平台建设方案的总体架构下，以农业作为服务重点，以城市社区和农村为服务对象，建设传播互联网，将之建设成为河南现代农业云服务平台的重要一级，以传播力推动农业现代化。相比北青传媒的社区媒体，传播互联网有需求互联网和农业的支撑，将更具活力。

3. 农业产业互联网

河南省科协建立了高水平科技智库，“聚焦中原”院士专家智库论坛影响巨大，农业产业互联网是将省内外的科技资源与河南省农业相结合，将科普惠农兴村计划和基层科普行动与农村生态建设相结合，将7000多家示范基地、10000家农技协与农业发展相结合，适当引入国有资本或民营资本，在“粮经饲”“农林牧渔”、农业的产前（如育种、肥料、机具）、产中（如种植、养殖、采摘）和产后（如农产品加工）等各个领域逐步发起若干个产业互联网，将个性化服务和规模化服务协同创新，以若干个产业互联网全面带动河南省农业生产经营的科技化、组织化和精细化水平，带领河南省农村共同奔向小康社会。

五、云服务平台的特色与优势

（一）云服务平台的核心特色

农业互联网各类模式风起云涌，但大多数都处在探索阶段，具有代表性的模式，如表5-1所示。

表5－1　农业互联网代表性模式

种类	代表平台	发展模式
农资综合电商平台	云农场	自营、商户入驻；直接让农民从厂家采购化肥、种子、农药、农机等，并提供农民测土配肥、农技服务、海外购销等多种增值服务
农资分销平台	农集网	网站为对接企业与零售商的B2B平台，APP为B2C农户互动产品；线下重在服务农民，通过整合区域运营中心、镇级体验中心、村级服务站来完成
农业联盟	田田圈	整合上游农资厂商、中游零售经销商、提供下游消费者入口
农业互联网金融平台	农发贷	P2P农业金融
土地流转综合资讯服务平台	土流网	土地流转领域的“链家+58同城”模式
电商巨头+农业	阿里巴巴	一村一淘宝

从表5－1中可以看出，当前主流的互联网模式采用的方式并没有脱离淘宝模式、天猫模式和京东模式，而这些模式从社会总生产过程的角度来说，偏重于“分配”和“交换”环节。

此外，虽然有的模式直接将“消费”和“生产”环节相关联，但采用的模式依然是个人消费者与生产环节相关联，而生产者本身也并没有采用产业集聚的发展模式。

由此可以看出，河南现代农业云服务平台与传统模式的本质不同，有以下核心特色。

（1）将社区需求直接与农业生产端或供给侧相关联。

（2）让农业生产端采用产业集聚的发展模式，而不是单兵作战的模式。

（二）云服务平台的竞争优势

基于上述两个核心特色，云服务平台与传统农业互联网平台相比，具有的竞争优势如表5－2所示。

表5－2　农业服务平台的竞争优势

对比项	传统农业互联网平台	云服务平台
立足点	商业流通环节，即分配和交换环节	直接关联产销，即生成和消费环节
服务对象	以个人消费作为驱动力 网商、品牌店、旗舰店等 平台与服务对象是合作关系	以社区需求作为驱动力 农产品企业组成的产业互联网 平台与服务对象是“夫妻”关系
服务能力	对农服务适时收费 少数人获利、一枝独秀	对农服务全部免费 共同富裕、百花齐放
服务特点	商家受制于平台 摧毁所服务产业的发展根基	一站式解决农业企业的各类问题 让专业的公司做专业的事，夯实农业的根基
拓展力	高成本扩张	低成本拓展
产业融合度	劣币驱逐良币，让所服务的产业退步	一二三产业融合发展，相得益彰

六、云服务平台的重要意义

（一）“互联网＋”现代农业的突破口

2015年，为了“切实保障国家粮食安全和增加农民收入”，农业部办公厅印发了《国家农业科技服务云平台建设工作方案（试行）》的通知，这是一种有益的尝试。但同时我们注意到，面对中国经济新常态的新问题，面对发展或改革中的难题，中央领导开始转向基层来寻求改革动力。

河南现代农业云服务平台既考虑到了“互联网＋”现代农业面临的

诸多问题，又针对系列问题提出了相应的解决方案，同时融会贯通各类方式方法，提炼和升华为全新的模式，模式来自基层实践和基层创新，是“互联网＋”现代农业的突破口。

（二）带动河南省传统行业转型升级

互联网是一个高度融合的平台，互联网巨头正在互联网金融、云计算、大数据、移动互联网、O2O（线上与线下的融合）、产业互联网等核心领域进行全新的布局，试图掌控物流、社区、终端消费等核心环节。尤其是，BAT（百度、阿里巴巴、腾讯）的大数据正向宽领域、多维度、深层次，以及精准化、动态化、智能化发展，互联互通构筑大数据生态圈，最终可能颠覆一切、连接一切、融合一切和掌控一切。

面对互联网的冲击，各行各业亟待转型，亟须构建产业体系、媒体传播、商务活动、金融服务等多维、互动、融合的生态系统。河南现代农业云服务平台基于“一个核心、三大网络”，让一二三产业融合发展，可以带动河南省传统行业的转型升级。

（三）河南经济弯道超车的突破口

2014 年，是中国全功能接入国际互联网 20 周年。20 年来，互联网思维、互联网模式、互联网速度，以及互联网业态的鲜度、互联网创新的活力、互联网融合的能量“乱花渐欲迷人眼”。在这 20 年内，河南省并没有涌现出首屈一指的互联网企业。从 2014 年开始，各大互联网巨头开始布局新一代互联网，新一代互联网潜能巨大，但在新一代互联网面前，传统的互联网企业并没有先发优势，也不一定保证能赢，李彦宏指出：“互联网＋”时代没有内行，当线上线下融合在一起变成了全新的东西，这意味着“互联网＋”时代传统企业和互联网企业都需要转型。

在新的起点，河南省并没有落后。从政策层面，河南省政府 2014 年年初出台《关于加快电子商务发展的若干意见》，2015 年 10 月 8 日，河南省政府印发了《河南省“互联网＋”行动实施方案》；从产业层面，农业是电子商务的新重地，河南省是农业大省，也是人口大省，具备培育新一代互联网巨头的肥沃土壤；从国家层面，2015 年 9 月 29 日国务院常务会议中指出，各部门要在基层探索中寻找规律性的东西，能够上升到政策层面的，要上升到政策层面，能够形成经验的，要向全国推广。

河南现代农业云服务平台提出了全新的模式，如果能做好、做实、做出品牌，势必得到政策层面的大力支持，从另一个角度来说，平台的活力加上农业的潜能，必将大力推进河南省农业现代化，推动农业经济的转型升级，“推动粮经饲统筹、农林牧渔结合、种养加一体、一二三产业融合发展，走产出高效、产品安全、资源节约、环境友好的农业现代化道路”，甚至还可以逐步形成新的产业发展模式、行业格局，乃至经济格局，成为河南省经济发展新的增长极，甚至国家经济发展新的增长极。

参考文献

[1] 李建臣，陈丹，刘千桂．互联网+新闻出版：我国新闻出版制度理论构建［M］．北京：人民出版社，2015.

[2] 刘千桂．媒体融合发展的核心引擎［J］．人民论坛，2014（30）．

[3] 刘千桂．媒体融合发展的新方位［J］．传媒，2017（8）．

[4] 刘千桂．自媒体：激活出版业与相关产业融合发展［J］．出版广角，2014（9）．

[5] 刘千桂．众媒介理论［M］．北京：中国传媒大学出版社，2008.

[6] 孟临，韩狄明．中国城市社区建设和管理概论［M］．上海：上海教育出版社，1998.

[7] 唐晓阳．城市社区管理导论［M］．广州：广东经济出版社，2000.

[8] 陶铁胜．社区管理概论［M］．上海：上海三联书店，2000.

[9] 于燕燕．社区建设基础知识［M］．北京：中国劳动社会保障出版社，2001.

[10] 陆云飞．城市社区管理及其问题域对策［J］．社区建设，2006（8）．

[11] 张兴杰．社区管理［M］．广州：华南理工大学出版社，2007.

[12] 顾建健，刘中起．现代社区管理概论［M］．上海：上海人民出版社，2007.

[13] 罗路瑶．我国城市社区管理体制探讨［J］．现代商贸工业，2011（5）．

[14] 程婕．当前城市社区管理工作存在的问题及对策［J］．产业与科技论坛，2011，10（8）．

[15] 文雨人．海尔地产云社区带来业界核聚变［J］．中国高新技术产业，2011（26）．

[16] 谢家瑾．谈物业管理与智慧社区建设［J］．中国物业管理，2013（8）．

[17] 唐爽. 我国城市社区管理中存在的主要问题及其改革 [J]. 科技致富向导, 2012 (11).

[18] 张宇蕾, 刘彦锋. 发挥民生科技作用, 服务社区居民生活——北京市社区服务科技应用示范阶段性工作总结 [J]. 科技潮, 2009 (12).

[19] 戴维·波普诺. 社会学 [M]. 李强, 译. 北京: 中国人民大学出版社, 2007.

[20] 克里斯·安德森. 长尾理论 [M]. 乔江涛, 译. 北京: 中信出版社, 2006.

[21] 克里斯·安德森. 免费: 商业的未来 [M]. 蒋旭峰, 冯斌, 璩静, 译. 北京: 中信出版社, 2009.

[22] 黄辉庆. 数字社区建设公众满意度指数模型构建及实证研究 [D]. 湘潭: 湘潭大学, 2013.

[23] 毛媛媛. 我国社区服务体系中非政府组织的角色定位研究 [D]. 重庆: 西南政法大学, 2008.

[24] 刘琪. 城市网格化管理模式的拓展应用研究 [D]. 上海: 上海交通大学, 2008.

[25] 刘弘. 公共政策制定中社区参与机制研究 [D]. 湘潭: 湘潭大学, 2013.

[26] 王林畅. 试论我国社区管理模式的创新 [D]. 兰州: 兰州大学, 2013.

[27] 莫春燕. 知识能力视角下虚拟社区知识共享影响因素研究 [D]. 武汉: 武汉科技大学, 2013.

[28] 张彭, 王轶斌, 沈玉梅, 等. 基于城乡统筹综合信息服务平台构建智慧社区的研究 [J]. 中国管理信息化, 2012 (6).

[29] 王建生. 论城市社区服务体系的完善 [J]. 河南师范大学学报: 哲学社会科学版, 2010 (2).

[30] 白友涛, 施碧钰. 对社区服务体系建设的思考 [J]. 重庆科技学院学报: 社会科学版, 2010 (23).

[31] 王李跟. 基于 "云计算" 的电子商务应用初探 [J]. 电脑编程技巧与维护, 2010 (10).

[32] 赵巧．电子商务环境下网络营销模式的创新［J］．中国商贸，2011（32）．
[33] 王晴．B2C 电子商务经营模式研究［J］．科技创新导报，2011（18）．
[34] 赖雯雯．B2C 电子商务发展策略与服务模式研究［J］．科技创新导报，2011（18）．
[35] 叶秀敏．浅析我国电子商务 B2C 市场的发展现状、特色与问题［J］．信息化建设，2011（6）．
[36] 张明，张秀芬，刘晖，等．基于“云仓储”和“云物流”的电子商务大物流模式研究［J］．商场现代化，2011（17）．
[37] 崔保国，徐立军，丁迈．传媒蓝皮书：中国传媒产业发展报告（2019）［M］．北京：社会科学文献出版社，2019.
[38] 梅宁华，支庭荣．中国媒体融合发展报告（2019）［M］．北京：社会科学文献出版社，2019.
[39] 林子雨．大数据技术原理与应用［M］．2 版．北京：人民邮电出版社，2017.